地方志災異資料叢刊

第二編

20

于春媚 賈貴榮 編

國家圖書館出版社

第二十冊目録

【嘉靖】象山縣志

（明）毛德京、王庙主修　（明）楊民彝、周茂伯等纂輯

鈔本

抵夫 縱勢 壹 耶政

災祥

天人之際相為感通休咎異徵存乎所召是故災祥之在天下者夫固王者事矣乃若一郡一邑責將誰諉即吾聞和氣致祥乖氣致異是以反風止火蝗不入境彼皆德改致然則司民社者災祥之

來可以懼然懼矣或曰守令害民為不物之孽則
又有在此而不在彼者
宋淳熙三年麥一莖二岐邑令高子其獻乎郡皇子魏王
圖上于朝孝宗御札褒美○嘉定十四年中元瑞
雲見于西山之上五彩間錯光華燦然令趙善晉
繪為圖好事者著之歌詠自是五穀豐登○元至
大元年飢疫○至正四年海嘯
明永樂二十年海溢陳兆壞○宣德元年野獸食人○三
年飢銀一錢糴穀一斗溝有餓殍○五年七月望
海溢○九年大疫人畜死傷甚衆○十年大有○
正統五年野獸為患人莫能禦○十二年荒○景

亂

泰五年正月大雪石首魚遍海浮起沿塗民取之甚利○天順四年民間訛言取秀女婚嫁者衆○成化六年二月天雨白霧山林草木行人鬚眉皆白數日乃止○十四年潮溢海圩盡壞○十五年大疫死亡過半次年又大疫○弘治五年五月大水○十四年十一月大寒冰凍草木皆死百姓飢寒死者相枕○十八年虎亂（俗傳虎尾短取人於大衆中而噬之謂爲神虎後被射死）○九月地震○正德三年大飢鎮守內臣梁姓者至縣求取甚苛民苦之○四年米騰踊男女鬻於異鄉者接踵冬大雪草木痿死民凍餒亡

亂　滿

者甚衆○六年山東亂抽取民丁甚苦○八年桃原洞賊作亂取錢爵三所軍沿道擄掠民苦之○十五年十一月雷鳴地震○嘉靖二年八月大風雨海溢壞塘岸及廬舍溺人死○五年大饑○九年鹽一斗銀一錢○十三年大風拔木十八年七月海溢壞田○十九年門子俞宗坤入庫盜官銀殺二人○二十一年天雨黃霧行人眉鬚耳鼻皆滿○二十四年夏大旱田不及種者過半米七升銀二錢竊盜四起○三十五年十月雷○二十七年蠣江橋内外皆海鰍盈數千卧塗上不去民取而食之

李亂

冠

三十年李生胡瓜三十一年民婦避亂走者於道產一物人身而四足如豕〇三十五年柤木生花如鷄冠麥與粟有一莖四穗者〇七月十三日大風拔木發屋知縣衙傾十七日霓夜見北山〇三十六年三月雨雹〇三十七年三月昏夜妖邪壓人四鄉震動七日乃去

【康熙】象山縣志

（清）胡祚遠修　（清）姚廷傑纂

清康熙三十七年（1698）刻本

象山縣志卷之十

雜志

夫禨祥之徵應俎豆之顯晦陵谷之變遷文獻之疑信皆省方脩政鑒往察來者所不廢况象環海畫圻東南縮帶之地可令覩記湮沒致慨莅民者失掌故乎紀雜志

災祥

〔宋〕嘉定十四年中元瑞雲見於西山上五彩間

錯光華爍然令趙善晉繪圖歌詠自是五穀豐登

元至正間竹穗生實如小米可食

明成化六年二月天雨白霧行人鬚眉皆白數日乃止

弘治十四年十一月大寒氷凍艸木皆死

弘治十八年虎亂俗傳短尾虎取人於大衆中而噬之謂爲神虎後射死

嘉靖二年八月風雨大作海驟溢塘圻民廬漂没溺死者甚衆

嘉靖二十七年海鰍隨潮入蠣江橋約重千斤潮退不能出民取而食之

嘉靖三十一年民婦避寇出奔忽産一物人面而四足如豕

嘉靖三十五年四月柏樹生花如鷄冠麥有一莖四穗者

嘉靖四十一年七月二十日梅溪袁氏水牛產死剁出腹中一犢兩頭八足人駭異之

嘉靖四十二年春有猛虎形似紅馬鬃鬣大尾長嘴尖面白傷人最多

嘉靖四十三年八月十四至十八夜月圓如望西滬潮溢三日不汐猛虎毒蛇傷死四鄉男女不可計

嘉靖四十五年五月初一日昌國衛魚船罔獲

一兕次日獲一麂又次日獲一虎二十二日颶風大作壞船百數又岳頭漁船獲一石首魚重一百八十斤一龜重二百斤

隆慶二年九月初五日申時有紅鷹將葉明家十歲兒自東門攫至天字號觀風亭上其父急禱越元帥奔追獲歸及詢其故兒曰荷趙元帥鉄簡擊鷹始得活

隆慶四年正月十四日二十四都地震十八夜

天降黑雨

萬曆八年彗星見西方桃李冬華九色虹見東門無雲

萬曆九年彗星見

萬曆十三年騶虞見趙奧嶺

萬曆十五年七月二十一日龍風驟作拔木毀屋

萬曆十六年四月二十日雨雪連旬銀一錢糴

米八升州州根樹皮民皆食盡六月天降黑雨大

饑

萬曆二十二年正月朔日震雷大雪至初三日

止四都有魚一尾大如樓船不可方物

萬曆三十年正月十三日九都地方蕭家墨胡

氏牛産一犢狀如麒麟鱗甲皆具背有蓮花形

主人駭爲不祥擊死三月二十日一都東溪地

方獲白鵲一對五月内朱山地方有一靈羊其

角甚黑其毛五色人見而異之五月二十二日縣城中妙華堂忽有異人胞背各縣一鏡手執紅棍肩負紅袱兒童爭視之遂化青烟而去

萬曆三十二年十一月初九夜地震二十九夜龍卧丹山人皆見之

萬曆三十五年近城山麓虎横行日未晡村人即堅閉不敢出吳令學周以文載牲躬禱城隍廟隔日三虎皆殞民賴以安

芳陳令譽調兵督民堵禦堅守城獲保全

十八年遷遣沿海難民衣食不給各憲

康熙四年秋九月彗星現

五年十月城中回祿三百餘家

十年夏大旱八月始雨時協鎮同縣令勸富開

糶請運粮米至象兵民賴以全活守備張秉乾

協力助賑之

十二年雲貴報警修造戰船

十三年修造戰船運樹人夫疲於道途時閩寇報警

十四年秋八月羅副將内叛海寇入城綑馮令而去

十五年海逆復至城中盡掠而去失婦女壯幼人丁頗甚左營守備張秉乾死之十二月初九夜市中由周汝孝等失火燬民房五十餘家學前衕口一帶店房悉爲灰燼

康熙二十八年邑苦旱胡令祚遠及同城官

捐俸糴米賑卹

康熙二十八年歲己巳春

皇上巡幸兩浙時奉

特恩邑中耆老年八十以上者

恩賚有差士民焚香遙叩舉手加額齊呼

萬歲爲曠世奇逢之

盛典云

康熙三十六年

皇上親征厄魯特大捷六月邑城聞報文武各官望

闕行朝

賀禮城内居民淸街除道然香燭張燈結彩三晝夜金鼓喧闐較上元尤勝慶祝太平歡聲如雷千載創見教諭姚廷傑著有中天大定詩一冊刊刻行世以紀其盛

論曰春秋謹災異星隕日食雨血雨氷之屬靡不具載豈好誕歟蓋示有國者灼興衰事修省也歷代往事迭見牧伯君子滌慾弭患敢弗慎哉漢史稱虎渡河蝗不入境諒非偶然而曠見盛事所謂禎祥者又烏可闕焉不誌耶

【康熙】定海縣志

（清）王元士纂修
（清）郝良桐續修

清康熙間抄本

定海縣知縣王元士纂修

禨祥

天人之際應若桴鼓其要歸於修德弭災而已故遇青而懼桑拱成太戊之興獲瑞而驕雀鵰致偃王之覆誼辟蓋臣每鑒於此却祥瑞之獻絕導諛之文其或沴故氛祲見於占驗則必中外戒飭交相咨儆所以畏天命而修人事也定自建邑以來水饑、、旬雹颶風所係於民生者大矣即一物之微一事之異

得於聞見者必取而筆之其亦春秋書螽書蜮之意也夫

宋祥符五年芝草生青松峯之上守臣康孝基進之

淳熙四年九月瀕海大風海濤漂没民田

淳熙五年大水秋颶風駕海潮害稼

淳熙九年旱大饑種稑殆絶

淳熙十四年七月旱

紹熙五年大饑人取草木食之

嘉定十四年旱螽螣爲害

元泰定元年二月饑

至順元年七月大水

至正四年海嘯

至正六年旱

明宣德十年大有年

弘治十七年大饑朝廷遣都御史王璟齎内帑銀賑之

正德三年六月至十二月不雨禾黍無收民採蕨聊生不給至鬻男女以食冬大雪河氷不解草木瘁死

民𩟐凍餒者甚衆

正德七年海溢漂溺民居

正德九年正月民間訛言妖青至每夜人各持兵器震響竹以備之

嘉靖二十四年大荒穀價騰踊每銀一錢易穀一斗道殣相望

嘉靖二十七年霜降日天雨毳色蒼白以手撲之如灰飛散

嘉靖三十年李樹生王瓜諺云李樹生王瓜百里無

人家已而衆被倭奴剽殺甚衆

嘉靖三十三年舟山所忽有石如斗平地滚擲如飛頃刻而止所城外東高嶺復有石大數十圍跳躍起山而止

嘉靖三十四年四月崇丘鄉之陳山忽有老人告人云此山有仙桃食之可避難即櫸木上果折與之其色紅黄似桃非桃又類林禽其實如綿絮不可食且無核僅有二小㲉容一小紅虫長半寸許厥明人視山之櫸木纍纍皆然是月倭寇登自錢倉白沙灣且

祗陳山焚刼崇丘殆盡
嘉靖三十四年十二月二十九日未申時自光暗有青黑紫色如日狀者數十與日相盪俄而數百千萬彌天者半逾時漸向西北散去明年四月倭寇四起大掠邊儌
嘉靖三十五年二月靈緒鄉民家小兒方七歲母令其至外家道逢老人謂曰兒往嫗家當殺黑母雞食汝汝當遺我雞肘兒至果驗乃笑嫗問其故具以老人語告嫗怪之因與雞肘遺老人老人迎曰與我與

我手持一梯令兒升望曰兒何見兒曰麥熟矣且敲
云何麥田中帶血人頭若是多也老人曰兒閉目須
臾再視兒曰稻熟矣何稻田中多人頭耶老人曰第
下言訖忽不見兒歸告其母聞者怪之至四月倭艘
自南直隸航海寇慈定界七月初倭又數千復登壟
緒攻破慈谿縣治一歲兩遭倭變適當麥稻之期死
者不啻千百

嘉靖三十六年舟山地方獲白鹿於山中形色殊異
時總督軍門胡宗憲方提兵兹土有司以告宗憲表

獻之
嘉靖四十一年六月三日天日晴麗忽空中降白物
大小如雪片晶光映日以手撲之隨滅自午至申而
止鄞定皆然
嘉靖四十一年六月二十四日暮天西北當翼軫之
度忽隕物如升子體圓而長上鋭下大其色黄白下
有紫赤光挾持之炎炎而墜瞬息大如斗如石如數
石甕精光四燭明徹毫芒將至地作霹靂狀光影起
伏者再後人來自淮揚亦有自閩至者所見皆同蓋

類占書所謂天狗但墜地不聞有聲耳
隆慶三年秋淫雨颶風大作海嘯潮水湧溢由女垣
灌入城中居民皇懼總鎮劉顯知縣馬有騅躡苫履
向水稽顙潮始退時浙東郡縣俱災圮廬沉稼朝議
遣官祭告海神巡撫谷都御史親至定海致祭有諭
祭碑在候濤山上 碑文○維隆慶三年十一月初四日皇帝遣巡撫都察院僉都御史
谷中虛昭告于東海之神日邇者水災異常殃及黎
庶良軫朕懷茲特遣官祭告惟神鑒茲永福邦民謹
告
萬曆十六年大荒米每石價銀驟湧至壹兩陸錢民

至有餓死者
萬曆四十六年秋有白氣見於東方狀如劍脊長竟
天彌月乃隱
萬曆四十八年虎入清川門官兵逐之斃於劉千户
家次年有兵亂之變
天啟元年援遼兵鬨廹脅官府肆掠居民知縣顧宗
孟撫之始戢
崇禎元年七月大風雨城中水溢摧毀居民房屋文
廟正殿俱圮

崇禎六年六月颶風雨如注旬日民廬倒坍外洋防海戰船漂沒破壞八九捕兵沉溺不計其數自元年以來無歲不遭颶風之災是歲尤烈咸云孽龍爲祟

崇禎七年城中胡姓園亭李生黃瓜

崇禎八年虎入城

崇禎十年令張琦六月朔日上招寶山祀龍忽風雨大作香燭俱滅不成禮琦蠲潔改日更祭雨霽天氣清明是歲有秋邑民建祀龍有感碑於山巔邑人邵輔忠爲之記曰定濱東海蛟龍之所宮先穆朝初紀毒龍肆孽瀕海無寧居皇帝命大中

丞諭祭東海龍神立石候濤山巔每歲六月朔有司奉牲告虔以為常邑侯張公宰定之三載德化翔洽民樂清晏朱明更季爰循故事敬舉此典是朔昧爽躬率僚屬禱于候濤禮也日薄高春任颶倏號雨下傾若決馮夷山立而嘯溢塍隰閒厥明不止斥鹵瀰淪禾黍秀者隤植者仆民皇皇慮無以保乃粒侯草檄告城隍卜更祭治牲加碩治醴加澄治玉帛籩豆之具加虔越朔哉生明齋心祓志復率僚屬上候濤而禱之風雨馱激侯素袍角束帶盡漬冒之而上出文以告於龍神曰吏奉天子命宰一方期與共綏吾民茲烈風淫雨吏不職與抑祭勿虔與祭勿虔吏更舉吏不職乃以災吾民耶客歲旱魃為虐田不獲有秋無以應賦稅吏多方為民請命殫力撫字今幸雨暘若將稔矣神不恤而降之罰無秋何以有民無民神能晏然饗天子命吏祭乎宰不職罪在宰民無辜毋以宰故戾吾民俯伏泥首祈必霽言未已颶怒戢浮陰曀豁曦輪新御海色浮動神龍隱見彷彿夭矯雲際群心胥悅起視原隰陽侯之波若驅而歸諸壑向

之隕者仆者實賴實栗得書大有年三農謳歌共神
其事博士葉君與是祭録告龍之詞以示余余覩龍
之挾風雲而上下也天下至靈莫龍若然方術之士
間得而豢之呪之御之龍雖靈猶之乎物也誠能動
物誠之至者往往格天地役鬼神即變化不測之物
咸聽命而不敢後非一時之誠之為至而有積斯乎
者之為至也誠之積也不厚則其動物也無力今侯
隨禱輒應使龍第聽命於侯之一詞則侯之誠可望
而知龍亦安在其為靈異哉侯之誠不在更祭時也
定為兩浙鎖鑰地非斂手鮮不血指侯牢定幾三載
不赫赫立威不矯矯市名實心實行盡見民五臟[illegible]
結一切斂政不亢矯喝按吭本慈祥惻怛出之無非
昌陽菖苓之齊心茹荼飲惟水庭終日可羅雀也閑
歲不登侯葉荒計募商召糴靡勿懇摯民賴全活者
甚衆蓋侯至誠布物非一朝之為其所由來者素矣
今春祝融燬民廬東逼縣往甚棘是時侯在郡中心
怦怦若有動者輒歸而火正熾侯念諸囚錮之非立
斃或生他虞亟移寘別舍徒跣望火每拜風即西返

焰旋熄縣徙無恙民居多獲以全劉江陵之迈風滅火不是過焉迨致海波不揚歲書大有天且以是為侯至誠報之又何有於龍雖然天人之應如響至誠如侯即為龍之靈矣一詞命之也亦宜士民礱石請余言以紀樹侯濤巔同諭祭碑並垂永永志侯之誠大有造於民也他善政覼縷不多及侯諱琦無錫人甲戌進士

崇禎十一年旱祲飢民至茹草木南鄉有一洞忽出白土色如粉紅軟膩而甘老者曰此觀音粉也人競取之亦能飽直指鄧鋐以此粉入告食粉者後多患腹疾死

崇禎十三年大荒軍民皆飢縣令楊芳蚤邑紳邵輔

忠招商販和糴仍賚糜賑救時連歲災祲民不聊生

崇禎十四年日食既時當晝天晦冥雞犬皆驚

順治三年四月至六月不雨地盡赤米每石價五兩民皆採野草剝樹皮為食飢死者相枕籍幸大兵渡江省城運米接濟多以全活

是年十二月北城外海塘湧一巨魚長可百數十丈高亦盈丈許眼若箕飢民爭割其肉啖之或熬以為油時冬月寒甚有因斫魚僵斃泥中越三日大潮至魚復去

順治十一年夏太白晝見是冬寒甚大浹江俱凍雨雪樹

杪成氷箸春秋所云雨木氷漢書五行志所云木介者是

順治十六年二月朔日將沉西有白氣一道化爲流

星自南而東墜長竟天占爲兵五月海寇入犯寧波

定海江南各鄉百姓奔竄罹害最慘

是年大旱

順治十八年大旱早晚禾皆不得布種

康熙元年大旱

康熙二年水

康熙三年旱　已上五年俱蠲免錢糧三分之一

是年冬彗星見西北方
康熙六年
康熙七年六月十七日戌時地震
康熙九年有秋
康熙十一年江南民家牛生犢岐頭
康熙十九年冬有星放白光自西北直指東南長竟天昏時尚未高中夜則移在牛斗之間兩月乃沒
康熙二十一年二十二年間大泱江以南虎白日攫人而食二年間傷者百餘人

定海縣志

【康熙】續定海縣志

清康熙間抄本

禨祥

野史氏曰國家將興必有禎祥國家將亡必有妖孽然桑拱雉雊不爲災堯水湯旱亦時有遇矣修省見異消殃亦在乎人耳定百餘年來海嘯旱魃災異不一書其知者于左續禨祥

隆慶元年秋北風連日大吼海潮怒湧溢入于城總鎮劉顯白衣步禱乃退

萬曆三十七年己酉滄溟颶沸圮廬沉稼上遣都御史來祭海神

萬曆十六年大荒道殣相望米石價一兩六錢

萬曆四十七年己未彗星見于東北方長竟天

萬曆四十八年庚申虎入青川門官兵逐斃于劉千戶家次年兵亂

天啓元年援遼兵亂肆掠民財迫脅官府撫之乃定

崇禎十三年大荒民飢軍兵脫巾設法賑救兵民始安

禨祥

崇禎十三年大祲民飢至剝木茹草南鄉有一洞忽出白土色如粉甘如飴人趋食之可飽數

日老者曰此觀音粉也定為佛地天哀飢民而賜之食全活者無算按院鄭鵕以此粉入告

是冬海北湧一大魚於岸屹如山立長可百丈重難以〔億〕計土人梯升争割其肉熬之成油飢民售以

為利

去縣治二十餘里為鮫門神龍居焉崇禎十三年海外怪鱗騰沸為患拔木淹疇忽見神龍以

背障水海口水高十餘丈橫數十里水患遂不入閘北瀉溢于錢曹兩江彼地居民咸蹈水患定

幸無虞

崇禎十七年太陽無光太學生臧應驥呼于市曰速〻医日人日為往次年明亡

崇禎三年大荒米價一石貫殇至三兩有餘野多餓莩詳遺事

順治十五年八月朔夜半有白氣一道自南而東北長竟天占為兵十六年〔海寇〕入犯金陵四明旌

罹害尤慘

順治十八年康熙元年連歲亢旱江北江南崇丘等鄉稻禾俱不得佈種奇荒異常蒙 整

賦三分之一

康熙四年七月初颶風滌雨縣大堂儀門賓館學西廡戟門巾子山八面樓俱傾圮

康熙七年正月二十一日有氣見于西方初見紅次見白下有黑氣形如疋布初昏時見至

三更餘夜夜見之至三十日乃滅

康熙七年六月十七日戌時地震

順治乙未年有大魚長約數十丈湧入海口自定達鄞浮西北而去

禨祥

鎮海縣志備修

（清）陳景沛纂

稿本

祥異

宋祥符五年有芝草生于瑞巖青松峯之下守臣康孝基奏奉敕奬諭寶慶志

淳熙四年九月瀕海大風海濤漂沒民田舊志

五年大水秋颶風駕海潮害稼舊志

九年旱大饑種稑殆盡舊志

十四年七月旱舊志

紹熙五年大饑人取草木食之舊志

嘉定十四年旱蟊賊為害舊志

紹定元年夏泮池蓮出雙萼延祐志

淳祐二年夏六月縣產粟一莖雙穗者三四穗者一時所未見時添倅趙體要沿檄至縣得之以遺郡守陳塏郡人皆以為豐年之瑞守圖其狀揭之郡齋以驗郡人之言延祐志

元泰定元年二月饑舊志

至順元年七月大水舊志

至正四年海嘯舊志

六年旱舊志

下明永樂十五年補入

明永樂十七年寧波五縣疫明史五行志

宣德十年大有年舊志

正統九年冬寧波瘟疫大作明史五行志

十年寧波久旱民遭疾疫遣禮部王英祀南鎮禳災明從信錄

宏治十七年大饑朝廷遣都御史王璟賫内帑銀賑之舊志

正德三年六月至十二月不雨禾黍無收民採蕨聊生不給至鬻男女以食冬大雪河冰不解草木萎死民饑凍餓者甚衆舊志

七年海溢漂溺民居舊志

九年正月民間訛言妖青至每夜人各持兵器震響竹以備之舊志

嘉靖二十四年大荒穀價騰踊每銀一錢易穀一斗道殣相望舊志

二十七年霜降日天雨氂色蒼白以手撲之如灰飛散舊志

三十年李樹生王瓜諺云李樹生黃瓜百里無人家已而果遭倭寇剽殺甚衆舊志

三十四年四月崇邱鄉之陳山忽有老人告人云此山有仙桃食之可避難即擇木上果折與之其色紅黃似桃非桃又類林禽其實如緜絮不可食且無核僅有一小竅容一小紅蟲長半寸許厥明人視山之擇木纍纍皆然是月倭寇登自前倉白沙灣直抵陳山焚刼崇邱皆然舊志

三十五年二月靈緒鄉民家小兒方七歲母令其至外家道逢老人謂曰兒往嫗家當殺黑母雞食汝汝當遺我雞

正統九年冬寧波瘟疫大作明史五行志

十年寧波久旱民遭疾疫遣禮部王英祀南鎮禳災明從信錄

宏治十七年大饑朝廷遣都御史王璟賚內帑銀賑之舊志

正德三年六月至十二月不雨禾黍無收民採蕨聊生不給至鬻男女以食冬大雪河冰不解草木萎死民凍餒者甚衆舊志

七年海溢漂溺民居舊志

九年正月民間訛言妖青至每夜人各持兵器震響竹以備之舊志

嘉靖二十四年大荒穀價騰踊每銀一錢易穀一斗道殣相望舊志

定海縣志與此同惟作三十五年

二十七年霜降日天雨氂色蒼白以手撲之如灰飛散舊志

三十年李樹生王瓜諺云李樹生黃瓜百里無人家已而果遭倭寇剽殺甚衆舊志

三十四年四月崇邱鄉之陳山忽有老人告人云此山有[illegible]可辛年佳印罪木上果折與之其色紅黃以眺上倭寇登白前倉白沙灣直抵陳山焚劫崇邱殆盡十二月二十九日未申時日光暗有青黑紫色如日狀者數十與日相盪儀而數百千萬彌天者半邁時漸向西北散去明年倭寇四起大掠邊徼舊志

道逢老人謂曰兒往嫗家當殺黑母雞食汝汝當遺我雞

肘兒至果驗乃笑嫗問其故具以老人語告嫗恠之因與雞肘遺老人老人迎曰與我與我手持一梯令兒升望曰兒何見兒曰麥熟矣且駭曰何麥田中帶血人頭若是多也老人曰兒閉目須臾再視兒曰稻熟矣何稻田中多人頭耶老人曰第下言訖忽不見兒歸告其母聞者恠之至四月倭艘自南直隷航海寇慈定界七月初倭又數千復登靈緒攻破慈溪縣治一歲兩遭倭寇適當麥稻之期殺者甚衆舊志

三十六年舟山地方獲白鹿于山中形色殊異時總督軍門胡宗憲方提兵兹土有司以告宗憲表獻之舊志

胡宗憲進白牝鹿表　臣謹按圖牒再紀道詮乃知麋
鹿之羣別有神仙之品歷一千歲始化而蒼又五百年
乃更為白自兹以往其壽無疆至于鍊神伏氣之徵應
德協期之兆莫能盡述誠亦希逢必有明聖之君躬脩
元默之道保和性命契合始初然後斯祥可得而致恭
惟皇上凝神沕穆抱性清真不言而時以行無為而民
自化德邁羲皇之上齡齊天地之長乃致仙麋遥呈海
嶠奇毛灑雪島中銀浪增輝妙體摶冰天上瑤星應瑞
是蓋神靈之所召夫豈虞羅之可羈且地當寧波定海
之間況時值陽長陰消之候允著晏清之效兼昭晉盛
之占須臣叨握兵符式遵成筭獲兹醜虜尚爾跳梁日
與偏裨相為犄角偶幸捷音之會剏登和氣之祥為宜
付之史官以光簡冊內諸文囿俾樂洽臺寬萃
通靈益感百神之集喞芝條肇長迎萬歲之遊
又再進白鹿表　竊惟白鹿之出端為聖壽之徵已于
前次進奏之詞緊述上代嘉祥之驗然黄帝起而御世
王母來以獻環不過一至于廷遂光千古之冊豈有間
歲未周後先迭至應時而出牝牡俱純或從海島之神
靈或自神棲之福地若斯之異不約而同如今日者哉
兹蓋恭遇皇上德函三極道禰萬靈齋戒而事神明于

於穆而孚穹昊眷言洞府遠在齊雲聿新元帝之瑤宮甫增壯觀遂現素麋于寶地默示長生雌知守而雄自來海既輸而山亦應使因緣少有出于人力則偶合安能如此天然且兩獲嘉符並臣分境皤然攸伏銀瑕白馬之輝及此有林玉映珊瑚之茁天所申眷斯意甚明臣亦再逢其榮非細豈敢頑恤他論隱匿不聞是用薦登禁林并昭上瑞變行挾輦崎仙人冰雪之姿交息凝神護聖主靈長之體 徐渭代表

四十年六月三日天晴忽空中降白物大小如雪片晶光映日以手撲之隨滅自午至申而止二十四日暮天西北隕物如升子體圓而長上銳下大其色黃白下有紫赤色挾持之瞬息大如斗精光四燭將至地光影起伏者再蓋類占書所謂天狗但墮地不聞有聲耳舊志

隆慶三年秋淫雨颶風大作海嘯潮水湧溢由女墻灌入

城中居民惶懼總鎮劉顯知縣馬有騑躡芒履向水稽顙潮始退時浙東郡縣俱災圮廬沉稼朝議遣官祭告海神巡撫都御史谷中虛親至定海致祭有諭祭碑在候濤山上唐令志稿

碑文 維隆慶三年十一月初四日皇帝遣巡撫都察院僉都御史谷中虛昭告于東海之神曰迺者水災異常殃及黎庶良軫朕懷茲特遣官官祭告惟神鑒佑永福邦民謹告

萬歷元年六月寧府海溢數丈沒戰船廬舍人畜不計其數明史五行志

三年六月戊辰杭嘉寧紹大風海溢溺人畜廬舍明史神宗紀

四年倭犯定海明史稿日本傳

十六年大饑流離遍野瘟疫繼之雍正府志民有以一子女易

一餐者甚有懷百金田券不得售而死者李鄞志

十七年六月海沸寧屬縣廨宇多圮碎官民船及戰舸壓溺人明史五行志

十九年七月十七日東北風大作大雨如注海潮溢入城唐令志稿

二十四年五月二十五日定海縣鎮遠門樓被雷火燒燬內貯軍器續文獻通考

二十九年定海關外忽有大螺放光如月是年定海總兵夢海神求援次日午刻關上忽水湧五尺因命兵卒鳴鑼擊鼓百姓齊發喊時始平說者謂龍奪蚌珠得救而退云

卭府志

三十九年六月大水十月朔夜半彗星見東南長三四丈其色白日出漸淡旬餘乃止雍正府志

四十六年秋有白氣見于東方狀如劍脊長竟天彌月乃隱王令志稿

四十八年虎入清川門官兵逐之斃于劉千戶家次日有亂兵之變王令志稿

天啓元年訛言中使四出選淑女徵發婦護送民草率婚配有發居數十年之婦一旦再醮者肩輿雇盡以椅代諸物騰價久不能平閻鄭志

三年十二月二日申時地震雍正府志

崇禎元年七月大風雨城中水溢摧毀民居房屋文廟正殿俱圮王令志稿有彗星芒長丈許每夜半則見雍正府志

六年六月颶風雨如注旬日民廬倒坍外洋防海戰船漂没破壞八九巡兵沉溺不計其數自元年以來無歲不遭颶風之災是歲尤烈咸云孽龍為祟王令志稿

十一年地震有聲王令志稿

十二年有大魚自定海入鄞江翅如風帆水為起立雍正府志至蕙江之元貞橋復出海明年鄞萬世振中榜眼

十三年大旱地出觀音粉饑民取食爲食者多病腹脹雍正

四年大饑 林大克傳

府志

十四年十月朔日食既晝晦見星鳥雀盡返于林移時乃復 雍正府志

十五年大旱饑 雍正府志

十六年旱饑如故 雍正府志

永樂十五年二月二十二日夜虎蹲山東北一隅崩于海 簡要志

國朝順治三年大旱自四月不雨至秋七月五月二十九日太白晝見七月有星自北而流于南不計其數 唐令志稿

八年日下有星晝見歲大饑斗米五百文七月二十五日

有大星隕東南光燭暗室 唐令志稿

十一年夏大旱河底龜坼冬寒江水亦冰 雍正府志

十五年三月大雨雹 雍正府志

十六年大旱日有大暈圍廣畝許 雍正府志 二月朔日將沉有白氣一道化為流星自南而東墜長竟天占為兵五月海寇入犯江南各鄉百姓奔竄罹害甚烈 王令志稿

十八年大旱自五月不雨至秋七月 王令志稿

康熙元年大旱 唐令志稿

二年旱 唐令志稿

三年彗星夜見 唐令志稿

九年五月十六日五色彩雲見是冬雨雪自十二月十三

日至二十七日少霽唐令志稿

十年正月二十八日雪中震雷烱電是夏大旱唐令志稿

十一年江南民家牛生犢岐頭王令志稿

十三年正月朔辰時有見日三四相並如鬭狀者後乃紛墮唐令志稿

十八年起數載中江南虎災白晝噬人幾無虛日唐令志稿

十九年冬十一月長星見自西南橫亘東北形如匹練自昏至夜半月餘乃沒雍正府志

二十一年七月二十七日有星孛于西方長竟天唐令志稿

二十六年大旱唐令志稿

二十六年江北西亭鄉產麒麟是年春

聖祖巡幸杭州告祀禹陵而還由府申報浙江通志作二十九年新志

二十九年九月大雨連旬平地水深五尺漂沒田禾傾壞民居唐令志稿

三十年海潮湧入唐令志稿

三十二年旱歲祲時閩台温米舟前後接至米價始平唐令志稿

三十三年大有年新志

三十五年大旱自去秋不雨至是年五月始雨早禾俱萎晚禾有收新志

三十七年。有年東管鄉民房竈。年登百歲。縣令唐鴻舉旌表其門。新志

謝緒彥詩

城西十里大江旁。遠曙輕籠瑞色芒。下有房老今百歲。一家世業在耕桑。辛苦歲經飽寒暑。機巧不復留心胸。前朝六十年間事。說與時人賴此翁。我隨諸父詢眠食。老人面凍多黎色。自言稼穡樂天年。作息惟知歌帝力。噫嘻人瑞王國禎。沐浴大造皆堯民。但願東南息杼柚。户多黃髮遂羣生。

四十年七月二十一日午時。忽現五色彩雲。光華爛然。或云卿雲之瑞。新志

四十一年二月。初昏時。有一黑星在西南方。星下白氣直沖數丈至西。新志

四十五年。虎入城。小江集

四十七年十月初五晚虎入城東門 甬上續耆舊集

萬承勳詩 康熙戊子十月五鎮海東門夜入虎夜入君何怨不過忘機野鹿迷途焉彼有何辜而使之無所水火盜賊疫癘凶荒天之所為人自取之一虎豈能究殺之又安補君不見盛時苑囿麒麟遊麟何樂虎何苦西狩獲麟而以為不祥則虎之來也不可以為殃

五十四年正月十四夜地震人家銅瓦等器無不傾倒作聲 新志

六十年三月望後雨雹小者如椀大者如盆 浙江通志

六十一年正月二十三日鎮海城守營兵丁盧大有妻虞氏一產三男 浙江通志

雍正元年旱禾麥盡槁民不聊生有剝取榆皮及採水仙

浙閩總督滿運米至寧兵民平糶唐令志稿

蕨草鬼綠紅刺等根以為食者道殣相望通邑皆然新志

二年三月西管鄉麥莖生蟲頭紅身黑狀如蠶十日內麥葉食盡縣令胡隆虔禱蟲入後海而滅麥仍熟新志

七月是年七月十八日大雨海水溢鄉民避水者棲于屋脊或大木上見海上火光閃爍有龍橫身阻潮皆云是蛟門老龍巡海使者上其事建廟于東門外浙江通志

四年南北七鄉俱稱大有新志

五年五月淋雨彌月禾盡秀而不實歲饑奉旨賑恤新志

六年正月十四夜有鳥飛蔽天如黑雲聲如雷來自西北

向東南去老農皆云豐年之兆是年果禾麥豐收新志

七年孔浦民家牛生一犢遍體鱗紋色青黑頷下有鬚項皆細鱗見者以為麟是歲大有年新志

八年八月二十四日酉刻地動有聲卯刻連震勢從西來出海而止新志

九年邑內豐稔石穀四錢是歲八月二十四日陳道才妻應氏一產三男新志

十年楊廷先妻艾氏年百歲新志

十一年十一月朔辰刻日食不盡如鉤新志

乾隆七年八月十七日颶風湧潮壞塘新志

八年三月初三日大雪十一月彗星見西北光芒四五尺新志

十二年七月十四日海潮大作東北風冲决城塘盡圮民舍亦多漂損是夜人見北城上有神燈往來須臾風轉潮退咸謂廣濟林王捍禦之力新志

十四年七月二十八日颶風拔木廬舍多圮大成殿圮(毀)八月郷城杏花徧開新志

十六年大旱自閏五月至秋八月乃雨田禾被災者十之七奉

旨發帑賑濟減免秋糧新志

十七年。麥大稔。新志

四十八年五月。地震。倫志

五十六年。漁人獲獸名海虎。倫志

嘉慶五年正月。大雪自十四日起至十九日。平地三尺餘

倫志

係乾隆五十一年

五十一年。崇邱鄉民汪光遠妻 氏一產三男。備志

二十五年。自五月不雨至七月朔日。晚禾多枯。泰邱鄉諸生傅元宰年七十餘。是日齋沐祈請于雁宕龍潭禱畢自梭于潭。越十五日大雨。採訪

道光元年八月。桃李花開。 夏秋間病稱脚筋鈎。男女犯

者即上吐下瀉不逾時殞命越宿者可望多痊城鄉死者數千

惟僧尼幼孩少犯秋冬霜盛漸差採訪

三年正月十一日夜同善院火燬棺五百餘口　夏多風雨

旱不歉收　七月崇邱鄉民卓義渠妻陳沈氏一產三男

四年大有年　夏秋間疾病大作　八月梅花開

補

崇禎七年旱饑民取南鄉山白泥以食競傳曰觀音粉唐令志稿

康熙二十年學宮有崇常于空中以瓦石擲敎諭署中唐令志稿

二十六年大旱唐令志稿

已入刪

四十四年八月十五日午時招寳山宮殿盡火止留天王殿唐令志稿

已見補陀寺下不刪

嘉慶二十　年崇邱鄉墓孝陳　年百三歲方面大耳身長四尺餘採訪

乾隆六十年城中李氏同胞兄弟四世榮年八十六世開
年八十四世達年八十三世華年八十二時撫憲吉慶涖
邑謁見賚以銀帛題商皓䒺輝額表之復為題奏
敕賜壽寓耆英四字旌其廬採訪

洪錫範、盛鴻燾修　王榮商、楊敏曾纂

【民國】鎮海縣志

民國二十年(1931)上海蔚文印刷局鉛印本

鎮海縣志卷四十三

祥異

宋祥符五年有芝草生於瑞巖青松峯之下守臣康孝恭奏獻，敕獎諭寶慶志

淳熙四年九月瀕海大風海濤漂沒民田嘉靖志

五年大水秋颶風駕海潮害稼嘉靖志

九年旱大饑穭稑殆盡嘉靖志

十四年七月旱嘉靖志

紹熙五年大饑人取草木食之嘉靖志

嘉定十四年旱蟊賊爲害嘉靖志

紹定元年夏泮池蓮出雙萼延祐志

淳祐二年六月縣產粟一莖雙穗者三四穗者一時添倅趙愷要沿檄至縣得

之以遺郡守陳塏邦人皆以爲豐年之瑞守圖其狀揭之郡齋以驗邦人之言延祐志

元泰定元年二月饑嘉靖志

至順元年七月大水嘉靖志

至正四年海嘯嘉靖志

六年旱嘉靖志

明永樂十五年二月十二日夜虎蹲山東北一隅崩於海嘉靖志

宣德元年孝子俞鈫德年一百五歲乾隆志

十年大有年嘉靖志

宏治十六年東管鄉民王伯稱年百三歲王氏家乘

十七年大饑朝廷遣都御史王璟齎內帑銀賑之嘉靖志

正德三年六月至十二月不雨禾黍無收民採蕨聊生不給至鬻男女以食冬

大雪河冰不解草木萎死民凍餒者甚衆嘉靖志

六年海溢漂溺民居嘉靖志

九年正月民間訛言妖眚至每夜人各持兵器鼓譟竹以備之嘉靖志

嘉靖二十四年大荒穀價騰踊每銀一錢易穀一斗道殣相望嘉靖志

二十七年霜降日天雨霾色蒼白以手撲之如灰飛散嘉靖志

三十年李樹生王瓜諺云李樹生王瓜百里無人家已而果遭倭寇剽殺甚衆嘉靖志

三十四年四月崇邱鄉之陳山忽有老人告人云山有仙桃食之可避難卽檡木上果折與之其色紅貲似桃非桃又類林禽其實似棉絮不可食且無核僅有一小竅容一小紅蟲長半寸許厥明人視山之檡木纍纍皆然是月倭寇登自前倉白沙瀉直抵陳山焚劫崇邱殆盡十二月二十九日未申時日光暗有青黑紫色如日狀者與日相盪俄而數百千萬彌天者半逾時漸向

西北散去明年倭寇四起大掠濱海地嘉靖志

三十五年二月靈緒鄉民家小兒方七歲母令其至外家道逢老人謂曰兒往婦家當殺黑母雞食汝汝當遺我雞肘兒至果驗乃笑婦問其故具以老人語告婦怪之因與雞肘詣老人老人迎曰與我與我手持一梯令兒升望曰兒何見兒曰麥熟矣且駭曰何麥田中帶血人頭若是多也老人令兒閉目須臾再視兒曰稻熟矣何稻田中多人頭耶老人曰第下言訖忽不見兒歸告其母聞者怪之至四月倭艘自南直隸航海寇慈定界七月初倭又數千復殺掠靈緒鄉攻破慈谿縣治一歲兩遭倭變適當麥稻之期死者甚衆嘉靖志

三十六年獲白鹿於山中形色殊異時總督軍門胡宗憲方提兵至土有司以告宗憲表獻之嘉靖志

係前代胡宗憲初進白鹿表 臣謹按圖牒再紀道詮乃知鹿之壽有神仙之侶壽一千歲始化而蒼 又五百歲乃變而白自是以往其壽無疆

至於鍊神伏氣之微應德協期之兆莫能紛述誠亦希遘必有明現之著賜修元默之道保和性命契合始初而後斯靜可得而致稀徵象上疑神物穆抱性清靜不言而時以行無爲而民自化德適義盈之上齡齊天地之長乃致仙壽遙是術嘯奇毛灑聲鳥中鼓浪培躍妙能搏冰天上瑞鳳應瑞是叢神靈之所召古之未發護之可綱且地常寧波定游之閒現時偵陽長陰清之儀光著發請之效象昭符疑之占顯臣明報矣符式遊成數靈莊馳膀尚爾跳日與偶禪相爲騎角偶舉提皆之會嗣登和氣之歸戩宜付之史官以光儀册內諸文圖偉藥沼蓋覺草通鑑鑾遐百神之慈娛甞燦具四萬讀之遊

徐謂代再進白鹿表紀遠上代嘉靜之駒然

稿借白鹿之出鶴爲聖容之微已於前次進獎之詞黃帝鼇而御世王母乘以獻瑞不過一至於筵迄光千古之册有間詠未周後先逵至聽時而出牝供純成從海之儀林歲自神效之駢地若斯之異不約而同如今日載茲靈瑞適蕊上德圖三稀道遜萬鑑譽成而事神明於程而手穿異實府遠在齊雲車類元帝之瑞宮備地壯觀遙現索臨於寶地獸示長生雖知守而雖自來游甄顧山亦器使因毀少有出於人力則偶合安能如此天然且兩幾窮谷並分境鱗然故伏鍛聯白馬之歸及此有拂玉映瓊瑞之嵩天所中春斯登蓋朋臣亦再逢其榮非網登敢題他論隱匪不開是用應登懷令並昭上瑞雙行快發時仙人泳野之姿玄忽疑斜谿璣主監長之體

四十年六月三日天日晴麗忽空中降白物大小如雪片晶光映日以手攫之隨滅自午至申而止二十四日暮天西北隕物如升子上銳下大其色黃白

下有紫赤色挾持之瞬息大如斗精光四射將至地光影起伏者再蘐類占書所謂天狗但墮地不聞有聲耳嘉靖志

隆慶三年秋淫雨颶風大作海嘯潮水湧溢由女牆灌入城中居民惶懼總鎮劉顯知縣馬有騅躡芒屐向水稽顙潮始退時浙東郡縣俱災圮廬沈稼朝議遣官祭告海神巡撫都御史親至定海縣致祭有御祭碑在候濤山上唐令志稿

萬歷元年六月寧波府海湧數丈沒戰船廬舍人畜不計其數明史五行志

三年六月戊辰杭嘉寧紹大風海溢溺人畜廬舍明史神宗紀

十六年大饑流離瘟疫盛行雍正府志民有以子女易一餐者有懷百金田券不得售而死者李鄞志

十七年六月海沸寧波府屬縣廨宇多圮碎官民船及戰舸壓溺人明史五行志

十九年七月十九日東北風大作大雨如注海潮溢入城唐令志稿

二十四年五月二十四日定海縣鎮遠門樓被雷火焚燒內藏軍器續文獻通考

二十六年浙江水災定海被災九分准免糧六分續文獻通考

二十九年定海關外忽有大螺放光如月是年定海總兵夢海神求援次日午刻關上忽水湧五尺因命兵卒鳴鑼擊鼓百計拯救時始平說者謂龍鬭蚌珠得救而退云邱府志

三十九年六月大水十月朔夜半彗星見東南方長三四丈其色白日出漸沒旬餘乃止雍正府志

四十六年秋有白氣見於東方狀似劍脊長竟天彌月乃隱王介志稿

四十八年虎入淸川門官兵逐之斃於劉千戶家次日有亂兵之變王介志稿

天啓元年訛言中使四出選淑女徵嫠婦護送民間草率婚配有嫠居數十年之婦一旦再醮者肩輿罷識以椅代之諸物騰貴久不能平鄒志

三年十二月二十日申時地震雍正府志

崇禎元年七月大風雨城中水溢摧毀民居房屋文廟正殿圮（王令志稿）有彗星芒長丈許每夜半則見（雍正府志）

六年六月颶風雨如注旬日民廬倒坍外洋防海戰船漂沒破壞八九巡兵沈溺不計其數自元年以來無歲不遭颶風之變是歲尤烈咸云孽龍爲祟（王令志稿）

七年旱饑民取南鄉山白泥以食競傳曰觀音粉（唐令志稿）

十一年七月地震有聲（王令志稿）

十二年有大魚自定海入鄞江翅如風帆水爲立起（雍正府志）至慈江之元貞橋復出海明年鄞縣葛世振中榜眼（縣志稿）

十三年大旱地出觀音粉民取食焉多病腹脹（雍正府志）

十四年十月朔日食既晝晦見星鳥雀盡返於林移時乃復（雍正府志）

十五年大旱饑（雍正府志）

十六年旱饑如故（雍正府志）

清順治三年大旱自四月不雨至秋七月是歲五月二十九日太白晝見七月有星自北而南不計其數（唐令志稿）

四年大饑（林大克傳）

八年日下有星晝見歲大饑斗米五百文七月二十五日有大星隕東南光燭晤室（唐令志稿）

十一年大旱河底龜坼冬嚴寒江水亦冰（雍正府志）

十五年三月大雨雹（雍正府志）

十六年大旱日有大暈圍廣畝許（雍正府志）二月朔日將沈有白氣一道化爲流星自南而東遂長竟天占爲兵五月海寇入犯江南各鄉百姓奔竄罹害甚烈（乾隆志）

十八年大旱自五月不雨至七月（乾隆志）

康熙元年大旱（乾隆志）

二年旱（乾隆志）

三年彗星夜見（乾隆志）

四年七月淫雨颶風大作櫺星門戟門鄉賢名宦祠皆圮正殿棟橈（王介志稿）

九年五月十六日五色彩雲見是冬雨雪自十二月十三日至二十七日少霽（唐介志稿）

十年正月二十八日雪中震雷閃電是夏大旱（唐介志稿）

十一年江南民家牛生犢歧頭（王介志稿）

十三年正月朔辰時有見日三四相並如闘狀後乃紛墮（唐介志稿）

十八年起數載中江南虎災白晝噬人幾無虛日（唐介志稿）

十九年冬十一月長星見自西南橫亙東北形如匹練自昏至夜半月餘乃沒（雍正府志）

二十年學宮有梟常於空中以瓦石擲教諭署中秋颶風壞城樓唐令志稿

二十一年七月二十七日有星孛西方長竟天唐令志稿

二十六年大旱唐令志稿

二十八年西管鄉產麒麟是年春聖祖巡幸杭州告祀禹陵還夏由府申報乾隆志○案浙江通志作二十九年

二十九年春北鄉民家牛生犢龍首紅唇遍身肉鱗浙江通志九月大雨連旬平地水深五尺漂沒田禾傾壞民居乾隆志

三十年海潮湧入唐令志稿

三十二年旱歲祲時閩台溫米舟前後接至價始平唐令志稿

三十三年大有年唐令志稿

三十五年大旱自去秋不雨至是年五月始雨早禾俱萎晚禾薄收唐令志稿

三十七年大有年東管鄉民房從年百歲縣令唐鴻舉旌表其門唐令志稿

四十年七月二十一日午時五色彩雲見光華燦然或云卿雲之瑞乾隆志

四十一年二月初昏時有一黑星在西南方星下白氣直冲數丈至西乾隆志

四十五年虎入城小江集

四十七年十月初五日虎入城東門甬上續耆舊集

五十四年正月十四夜地震缾瓦等器俱傾倒作聲唐令志稿

五十九年庠生任廷徵壽百歲重游泮水邑令田長文給完名人瑞額光緒志

六十年三月望後雨雹小者如碗大者如盆浙江通志

六十一年正月二十三日鎮海城守營兵丁盧大有妻虞氏一產三男浙江通志

雍正元年旱禾麥盡槁民不聊生有剝取榆皮及採水仙巖草鬼線紅刺等根以爲食者道殣相望通邑皆然乾隆志浙閩總督滿保運米至寧波兵民平糶陳志稿

三年三月西管鄉二三十里內麥叢生蟲頭紅身黑狀如蝨十日內麥葉食盡

縣令胡隆禱於神蝗入後海而滅麥仍熟乾隆志 七月十八日大雨海水溢鄉民避水者棲於屋脊或大木上見海上火光閃爍有龍橫身阻潮皆云是蛟門老龍巡海使者上其事建廟於東門外浙江通志

四年七鄉俱大有乾隆志

五年五月淋雨彌月禾盡秀而不實歲饑詳請賑卹乾隆志

六年正月十四夜有鳥飛蔽天如黑雲聲若雷來自西北向東南去老農皆云豐年之兆是年果禾麥豐收乾隆志

七年孔浦民家牛生一犢遍體鱗紋色青黑頷下有髯頂皆細鱗見者以為麟是歲大有年乾隆志

八年八月二十四日酉刻地動有聲卯刻連震聲自西來出海而止乾隆志

九年邑內豐稔石穀銀四錢是歲八月二十四日陳道才妻應氏一產三男乾隆志

十年楊廷先妻艾氏年百歲 乾隆志

十一年十一月朔辰刻日食不盡如鉤 乾隆志

乾隆元年崇邱鄉民姚朝榮五世同居子婦孫曾五十餘人 光緒志

張志稿案曰原作五世同堂據其裔孫守祚云實係五世同居今更正

六年鄉民李茂禮妻陳氏年九十七歲五世同堂元孫親見者三十九人 光緒志

七年八月十七日颶風湧潮壞塘 乾隆志

八年三月初三日大雪十一月彗星見西北方光芒四五丈 乾隆志

十二年七月十四日海潮大作東北風衝決城塘盡圮民舍亦多漂損是夜人見北城上有神燈往來須臾風轉潮退咸謂廣濟林王捍禦之力 乾隆志

十四年七月二十八日颶風拔木廬舍多圮大成殿毀八月鄉城杏花盛開 乾隆志

十六年大旱自閏五月至秋八月乃雨田禾被災者十之七奉旨發帑賑濟減

免秋糧乾隆志

十七年禾大稔乾隆志

四十八年五月地震陳志稿

六十年城中李氏同胞兄弟四世榮年八十六世開年八十四世達年八十三世華年八十一時撫憲吉慶泣邑謁見賚以銀帛題商皓尊輝表之復爲題奏敕賜壽寓耆英旌其廬陳志稿

嘉慶五年正月大雪自十四日至十九日平地三尺餘陳志稿

二十年崇邱鄉慕孝陳陳娃老人年百三歲陳志稿

二十一年崇邱鄉民汪光遠妻一產三男陳志稿

二十五年自五月不雨至七月朔日晚禾多枯秦邱鄉諸生傅元宰年七十是日齋沐禱於雁宕龍潭禱畢自投於潭越十五日大雨陳志稿

道光元年八月桃李花開夏秋間霍亂盛行犯者上吐下瀉不逾時殞命城鄉

死者數千人惟僧尼幼孩少犯秋冬霜盛漸差陳志稿
三年正月十一日夜同善院火燬棺五百餘口夏多風禾稼歉收七月崇邱鄉民卓義渠妻沈氏一產三男陳志稿
四年大有年夏秋間疫疾大作八月梅花開陳志稿
六年彗星見長四五丈月餘始沒光緒志
八年人民王國定年百歲撫憲劉題請奉旨賜昇平人瑞額並給帑建坊光緒志參張志稿
十一年饑設廠鬻賑民多疫死光緒志
十二年饑斗米五百文光緒志
十三年饑光緒志
十七年旱禾盡枯七月二十四日大風雨江河皆溢光緒志
十九年春大雪平地五尺夏太白晝見秋雨紅雨光緒志

二十一年大雪積五六尺光緒志

二十二年夏日食既光緒志星俱現光翠鳥返林雞鶩棲塒閱半時始還光張志稿

二十三年八月初八日大風雨水高一丈舟行橋上惟樓居者始免災其牲畜溺死廬舍崩壞棺木漂流不計其數光緒志

二十四年崇三都職員李光裕之妻孫氏年九十一歲五世同堂親見七代巡撫梁題旌光緒志

二十六年六月初旬譌傳妖眚自西來城鄉民家備震器爨竹誦天蓬咒以辟之每於二鼓後聞空中有聯翠飛過如鴉陣鑼聲徹夜不絕偶有施槍擊墜則係紙人閤城不安月餘始息是年六月十二夜地震有聲二十五日夜復震光緒志

二十七年春旱自正月不雨至四月六月十三日寅初地震有聲自東至西南冬十月初五夜地復震光緒志

二十八年正月十一日大雷雨十二日大風十四日大雨雪光緒志

二十九年海晏鄉民胡于玉妻姜氏五世同堂旌如例光緒志○據張志稿斷在光緒年間

三十年八月中旬大雨甲戌水漲平地三尺光緒志

咸豐元年後海伏龍山外新漲一沙隄長約八里高潮退露三尺潮漲尺許張志稿

二年旱十月初六日夜地震光緒志

三年三月初八日連夜地震七月彗星見西方長丈餘光芒上射日入時輒見光緒志

四年十一月初五日未時河水驟漲三四尺狀如沸湯二十八日地震光緒志

五年七月霖雨十月辛丑日夜半地震光緒志

七年正月癸卯日夜半天明如晝山雉皆鳴少頃地氣洩聲隆隆如鼓光緒志

八年三月望日後東南方有白氣長竟天七月十九日福泉山鳴光緒志

九年三月初八夜大雷雹東管鄉菜田數十畝越宿皆枯夏有大星墜地散爲
無數小星入於海光緒志

十一年七月地生黑毛十二月二十六日大雪深五尺河膠不流至同治元年
正月中旬始通舟楫光緒志

同治元年七月十一日海晏鄉大水二十二夜東北有彗星流入海中光芒閃
爍聲若雷鳴潮爲之沸八月二十一日大水壞民房田禾無數光緒志

二年秋疫七月十二日蛟出大水八月二十一日泰海兩鄉蛟出十餘處損壞
廬舍田禾光緒志

三年夏旱六月初十日大風拔木海舟傾覆者無數秋冬旱五月不雨光緒志

五年四月庚子日地震光緒志

六年十二月二十二日夜地震二十三日巳時又震二十六日戌時復震光緒志

七年三月十九日未時雨雹閏四月十八日申時冰雹是年城民徐學海妻周

氏年百歲旌如例光緒志

九年二月初十日文廟獲猪獾三穴於大成殿地下以火熏之冒烟突出擊之斃光緒志

十年夏亢旱蟲食禾光緒志

十一年三月初三日酉時雨冰雹夏大旱河枯舟楫不通八月十九日辰時地震光緒志

十二年海晏鄉民曹來龍年百二歲光緒志

十三年三月二十日卯時地震秋大疫光緒志

光緒元年崇邱鄉民林文郁妻唐氏年九十一歲五世同堂巡撫楊題旌光緒志

二年三月紙人爲妖民心惶惶邑人迎元壇神出巡城內外火器鑼器之聲震耳神甫出而妖氛頓息光緒志

三年五月二十四日午時大風拔木拽之走屋瓦皆飛六月十六夜伏龍山見

雪是月四境多蝗食草木稼無害十二月大雪是年十月中旬起至十一月連月陰雨自十二月朔日始至四年正月雨風冰雪相繼而至百日中開霽者二十日而已光緒志

四年五月東管鄉禾生三穗十月桃李花開光緒志

五年三月十三夜地震夏大旱七鄉河皆龜坼禾盡枯光緒志

六年六月二十八日戌時有光燭地仰視大星如鵝卵極明至西北有聲而沒采訪冊

九年七月朔風雨大作海潮驟至沿海隄塘皆壞采訪冊

十三年崇邱欒上怫妻李氏年百歲五世同堂旌如例城區葉洵壽百歲采訪冊

十四年王墺王嗣根妻某氏九十九歲五世同堂旌如例采訪冊

十八年冬大寒雪深三尺酒肆酒皆凍果木死者大半采訪冊

十九年黍邱張泰來妻孫氏年百歲旌如例采訪冊

二十六年三月初十日辰刻天忽晦暝民家及各肆皆燃燈燭逾時復明是年秋義和團滋事洋兵入京師采訪冊

三十年泰邱張光華妻吳氏年一百二歲采訪冊

宣統元年八月大星隕於東南采訪冊

董祖羲纂

鎮海縣新志備稿

民國二十年(1931)上海蔚文印刷局鉛印本

鎮海縣新志備稿

祥異

民國三年甲寅靈岩鄉王弈丹母顧氏年百歲呈奉大總統頒給永錫難老匾額一方由內務部給予青綬銀質褒章一座並由浙江都督朱瑞給予家慶國華匾額是年泰邱鄉張公耀年九十歲五世同堂旌如例

四年乙卯陰曆十二月三十夜流星從北方來大如斗是年夏本邑因風災歲歉由縣呈准蠲免地丁秋米一成

五年丙辰陰曆正月初三日辰刻地震

六年丁巳陰曆正月二十八日泰邱鄉三山人民曹位定楊阿金在喚岣陝同斃一虎重三百餘斤位定被虎噬傷經數日死鄉人王榮商陳蓄聞其事榮商爲記紀之見紀事門

七年戊午二月十三日未刻地震

崇邱鄉故紳李嘉妻張氏是年卒年七十六歲有子七人孫四十二人曾孫九人女三人孫女二十九人曾孫女六人外孫六人外孫女四人外曾孫十三人外曾孫女十二人凡一本所出計有一百三十六人亦吾邑僅見之盛矣

八年己未歲歉收次年夏米價騰貴每石售銀十一元至十二元饑民相屬於道官紳協力籌措以辦平糶

十年辛酉風水爲災崇邱海晏歲嚴泰邱鄭衛等鄉塘堤道路橋梁多被冲壞田禾棉花均遭損害由縣知事盛轉請會稽道尹黃頒發急賑銀四千元散給崇邱海晏鄭衛三鄉續請撥發工賑銀二萬二千六百五十元修築崇邱海晏歲嚴泰邱四鄉塘隄道路橋梁

十一年壬戌又遭風水巨災崇邱海晏歲嚴泰邱東緒西緒前緒鄭衛等鄉及

城區受災較重由縣知事盛轉請寧波華洋義賑支會暨會稽道尹公署先
後撥發銀三萬元辦理工賑及春賑事宜
十二年癸亥邑人傅鉞以孝子旌由邑紳周運杓金士衍陳脩榆等呈奉大
總統頒給至性過人匾額內務部照給黃綬銀質褒章一座並奉會稽道尹
黃給予孝思不匱匾額一方
十三年甲子八月恩歲鄉耆紳王顯謨以明年乙丑爲重遊泮水之期由自治
辦公處呈請縣署轉呈省署奉省長張載陽題給耆年宿學匾額一方並由
縣知事盛鴻燾題給重遊泮水匾額一方

清湖小志

（清）張宗禄纂　（清）張統鎬續纂

稿本

清湖小志卷八

○雜記

清初中村失慎延及古木村老祠村大溝村等處共焚數百家宗祠與家乘遭焉

張立才公精拳棒見人相爭必毆強者後有爭鬭者見才至則避去

張學璣公同弟學球公好拳棒一日至樑木廟前網魚有販子數十人過其地將簖洗於河二公意其毆魚也與之爭論販子恃蠻不服欲毆二公一舉手遂倒販子數人餘皆奔竄

張光昭公初名再善說辭後與普陀僧訟僧陰使人毒死寓中

張立增公善琵琶客蘇有要事過滸墅關至則關已閉舟中悶坐彈過昭關一曲關官聞之命開關相邀蓋關官亦善琵琶

者

道光丙午有紙人作祟之謡夜半聞聲自東方來者如萬兵奔北啟户視之無一物所見是夜地震

張渭公邑增生好琴後授族姪桂風公

張文烆公恩貢生初作幕後隱居于家著書數種亡後被賊竊去一無存焉

張允靈公邑諸生著有墨窗詩稿至今散佚惟存蠶詞二句云

小女不知蠶事苦朝朝啟箔鬪雙眉

道光二十五年七月初二日大風拔木居屋動揺洪姓油車屋崩壓斃二人

道光間張橒公家來一巨蟒大二圍長二丈

張立垚公屢困場屋詠牡丹不開云的是品高天意重年年春

暖不開花又云也應省識春風味怕為飄搖作散花
道光三十年七月大熱早禾已熟幾無人收穫田間一日熱斃數人
張宏瑞字麟書殤科名於新倉後其弟婦腸間生疽大如碗正在危急適瑞歸家治之三日平復如常
張立烜公字鉉瑞殤科名於天童等處彼地人呼為張半仙
咸豐壬子前房祖堂雷擊一柱中有白鼠一只死焉
咸豐七年蝗蝻害禾
張偉公字建功膂力過人樺木廟鐵爐獨手能擎好事者以權權之則百二十斤也
張成烈公字偉哉工丹青尤好歌曲後與族兄思謙公等數人過花晨月夕必作管絃會

張宏翼字羽豐好武遊外遇力士遂師之後歸以訓蒙糊口一日往縣城晚歸途遇劫賊四人皆擲於河

老祠村一人頭大如斗行年二十不能言語行動

咸豐庚申南京人避西匪亂寓清湖好拳棒擅場雙刀村人多師事之

咸豐庚申三月二十一日夜半雨雹如拳如斗不一風聲大括霹靂大作屋宇倒者甚衆俗謂龍與蜈蚣相鬬

張玉田賣卜為生占卦每著奇驗

張成湄字伊水初業儒試不售遂習醫擬方治疾累多奇效

咸豐辛酉西匪陷浙江土匪結羣擄掠紛紛清湖四方去橋文者習韜略武者學干戈在鎮完菴卧麟精舍兩處設立友助局招精壯勇一百名義助者不計每夜派三十人巡查四小

桂督巡有土匪犯境鳴鑼為號後匪環攻之三日不能入境

董局者張桂風張偉張熊占張熊飛張壽榮張焜張錦張宏

佐張烋張成傳也按夷人陷浙時吾村張希和公及家叔偉公族兄宏飛等奉憲團練局名友助非特西匪時有此局前數年縣示尚在故吾村於夷髮兩變安謐無事至今有小桃源之目自國家承平以後所有前後軍器皆為農具矣張墀識

咸豐辛酉冬雪厚數丈村中損資施粥

張易公王墨君先生高足也工花卉好吟詠客金閶友人屬畫

蘭詩云客窗清夢聽鳴鷄早食釜空倍覺悽閒寫一枝蘭草

賣市中花價賤如泥著有惜分陰書屋詩稿待梓中多佳句

難以盡述

同治癸亥秋瘟大作死者甚衆

同治乙丑正月二十夕雷擊欅木廟大樟

吾村水龍會頗稱有功四方離本村五里内失慎柱首率領壯夫赴救無不撲滅柱首及佐襍人等共計二百名

施材會之設亦妙先作柩寄祠中遇有貧者死本房房長向局報明確係赤貧或無子者準給一棺

同治十二年孟房祠每夜鬼哭時祠旁大戒於火越數日房長至祠祀祖見棟朽欲傾遂召木工修葺鬼哭遂止

張成銘素有狂疾西匪陷江南時在向軍門處獻平匪策不騐黜歸後於僞忠天儀何文慶處獻策不用狂疾益深且嘔血每日碗計逢牆壁間天書一聯忘其上聯下聯云心血表天神未幾卒

光緒丙子年五月有紙人作祟能作剪辮打印諸邪法吾村張芹生自家至甬半途忽失髮辮又有成衣沈娘子黃昏時在

鎮宅菴前納涼歸家亦失髮辮想是被人戲弄紙人當不能
如此神通也
光緒丁丑五月廿三日風雨大作牆垣倒者頗多
光緒丁丑六月蝗蝻過境鄉人鳴鑼喊逐幸未停止
光緒己卯六月大旱諸紳士率村農至北雪祈雨
光緒庚辰五月初六夜二鼓時分中登科第寓匠方某家失慎
大光燭天延及河北共焚屋一百餘所中登科第惟成詩樓
屋三間未焚
光緒辛巳二月廿七日南河鄭失慎三月廿五日鎮宅菴後失
慎卧麟精舍被焚
光緒辛巳閏七月初四日大風陡作屋宇壞者甚衆是年多瘟
疫

光緒壬午春閒牛瘟大作村中共死百餘口

光緒癸未二月十四夜西安橋下失火焚民居二家店鋪八家

光緒壬辰秋大旱歲歉

光緒辛丑方姓失慎

【光緒】慈谿縣志

（清）楊泰亨、馮可鏞纂

清光緒二十五年（1899）劉一桂校補德潤書院刻本

祥異

唐

神龍初虎脾山醴泉出芝草生寶慶志

天寶十四年冬大饑盜賊蜂起公行劫掠野無噍類香山寺常寂大師碑記

開成四年饑新唐書五行志

按邑去郡治四十里而近唐宋隸明州元隸慶元路故凡史傳中所載明州慶元路諸祥異俱登錄焉若新唐書五行志載永昌元年正月明州雌雞化爲雄王應麟七觀注宋大中祥符七年明州獻靑毛龜芝草生元史五行志至正二十一年明州松結實大盈尺順帝紀至正二十三年七月有星墜於慶元路西北此不過偶見於一二處未必屬於慈谿故概略之

五年夏疫新唐書五行志

大中六年旱魃爲災陳敬宗重建鑑巖觀音寺記

會昌四年六月花嶼湖白龍與赭山龍戰山下挾風擕雨雹馳雷擊沿江田地倏爲洪波遂名幻江天啟志○寒村日錄幻江在灌浦渡西赭山渡

東會昌四年六月十八日縣東花嶼湖白龍來與赭山龍戰於山下沿江田地千頃倏爲洪波歷五代宋元漸涸爲塗至明始復爲田

吳越

天寶二年據十國春秋六月壬寅吳越王錢鏐巡句章行次丈亭鎮舟湊巨石不能進既而大雨震電有二龍負王舨下之鎮遇使翁元軻拽舟而進二龍自舨升焉吳越備史

宋

康定元年大饑民相食成化府志爲制傳

元豐三年旱盛次仲香山智度寺碑

按碑云上即位之十二年詔改熙甯爲元豐是春次仲得邑慈谿而邑城經饑疫之後幸歲薦登民僅安集越三年自溯以東春暘生旱苗將立槁民有懼心遂禱境內之名

山霪潭涉旬雨不報據此熙甯閒屢有饑疫不特元豐三年旱災也

元祐閒歲荒饑殍相望○天啟志宋成勷注宋元祐己未閒歲荒朱璽官將金賑濟民爲立祠攷元祐無己未疑己巳或辛未字譌

政和六年木連理嘉靖府志○宋史五行志坊竟洪明夔新全隰太平州並木連理

紹興十八年水宋史五行志

十九年歲凶民饑朱子全書陳良翰行狀

按狀云良翰知慈谿縣歲凶民飢而不詳年月攷寶慶志良翰以紹興十七年始宰慈谿二十一年李彭年代之是歲饑當在此數年中宋史五行志紹興十九年春夏紹興大饑明發州如之文獻通攷紹興大饑在十八年與宋史差一年嘉靖府志亦作十九年今從之

乾道元年二月寒敗首種損䆉麥宋史五行志 夏無麥文獻通考

二年夏旱張貢臣龍井新廟記德碑

淳熙四年五月瀕海大風九月水災宋史五行志

五年秋大水颶風駕海潮害稼嘉靖府志

九年靈隱廟產牡丹一榦二花其一花紅紫相半而中分之香色異常經旬不凋嘉靖府志 夏旱災傷極重朱子全書劾唐仲友第五狀○嘉靖府志旱大饑穜稑殆絕○平園稿壬寅秋州守委三倅分行六邑荒政

十一年七月壬辰風雨山水暴出浸民市圮民廬覆舟殺人宋史五行志

十四年七月旱嘉靖府志○宋史五行志五月旱七月大雩時臨安鎮江紹興隆興嚴常湖秀衢婺處明台饒信江吉撫筠袁州臨江興國建昌軍皆旱至九月乃雨

紹熙五年七月慈溪縣水漂民廬決田害稼人多溺死冬饑無

麥苗人食草木宋史五行志○宋元學案紹熙五年明越大饑特令彭仲剛爲常平提舉

慶元二年冬楊簡後圃蔬莖連理籬楊殊本同枝又瓜生連實東園橘亦並蒂一年四瑞簡自作記嘉靖府志○記曰慶元二年仲冬之月伯兄命圭持蔬莖連理以示簡曰後畦所產亦異哉簡受而諦視之駭而曰未之見也果異哉作詩以呈曰兄弟和氣與天通連理蔬莖瑞鬱葱造化神機非遠近不當言異又言同伯兄喜持詩以示仲兄俄而又曰弟亦知復有籬楊連理之異乎殊本而同枝於是恪曰瓜亦連理悔曰常見之誠異乎常果賦蒂比實者有之未見連實泯然者簡又省伯兄嘗攜簡手徐行東園視橘實其狀與悔之所見同簡退而念吾家一年而有連理之瑞四儒者罕言祥瑞嘉禾作實古聖不廢追惟先公實德義訓所以啟佑後人深入潛化往歲鄉里以潛藩蒙賚舉子鑿鑿詭實所至而是而吾家寂然二弟羣涯勢便力可願視之若無不惟不作於其事而亦不勤於其心此雖常德細行不足爲言而俗衰風靡而吾家遂爲砥柱簡竊自喜先公流化之效至是而益著又念伯兄忠信天成進德於內而世莫知簡每自言曰兄眞三代人物也仲兄文雅灑然而深得復卦之旨於方寸之中作圖記過人皆恥於聞過兄顧自白其過孔子曰吾未見能見其過而內自訟者也而兄安而行之詩歟盛矣叔弟機仲用改過之力於內而人未之知又其閑纏發省自此吐論超越季弟行仲孝友篤至納於外

而敏於中內心發先不可致詰諸子雍雍羣孫濟濟雖入德先後之序不齊不可枚數而其大較質而不浮從容乎先公道化之中則同今茲嘉祥來集不可外索祥不可恃所恃惟德德不可怠惟勤惟精此簡所以不敢荒而亦先訓之本旨也厥明記於竹房

開禧三年大蝗飛則蔽天日集地厚四五寸禾稼一空纔食草木亦盡至冬猶未衰邑令遣人捕之且焚且瘞經春乃滅嘉靖府志○孫因蝗蝻辭曰開禧三年孟冬孫子行野中見有伐鼓舉烽者意其捕寇而卽戎就而問焉則盡田間之老農也得物狀甚怪喙剛而銛目怒而黔或振其股或撒其彝羽翼未成已學飛舞兩腋之下可達一鑊余異其狀問於田父田父愀然曰子識今秋飛蝗之狀乎此其子孫而彼其祖父也官命我輩捕之余曰蝗何負於官而見捕乎田父仰天泣涕曰是害吾稻黍者也王法之所不恕始吾小人謂爲瑞物也姓香而祝其來旣來矣則田之毛盡化而爲黃埃然後知其爲災初以爲祥後以爲殃昔恨其來暮今懼其不去吾小人惟無知故若此觀子之貌類學古者乃亦懵然何哉吾小人記爲兒時從村市一老生學老生授我一編書我忘名而記其略曰某食苗心者某食苗節者某食苗根若葉者又曰吏侵牟生蟊乞貸生螣冥冥犯法生螟賊蠹無辜生蟘然自垂饕至戴白未識其形色也今雖識之反不厭饜矣予曰蠹乎

曰不能然則吾爲若諭之使去可乎曰幸甚恐不可諭耳余曰金石無情可動以誠況蟲無耳可格以理蝗能爲害亦能聽吾誠矣試掇魁傑者數輩耆於前諭之曰使汝害稼天與人與惟天惠民必不使爾爲吾民病也苟官吏召汝則民何辜且食民天也汝咬民之天以充其體膚天將汝誅矣速去無久居噴之若有昂首揚目躍躍而骰鳴者聽之則曰今爲害者豈我乎牟人之利以厭己之欲者非蝗乎食人之食而誅人之國者非蝗乎利口而邦之獲摩牙而民之奪者非蝗賦故窮奇饕餮虞之蝗也夷羿猿浞夏之蝗也受臣億萬商之蝗也躡禍家伯仲允棨子闖之蝗也齊豹崔其牟夷黑胠春秋之蝗也儀衍申韓楊鹽烈惠戰國之蝗也缺睢斯高蠹邯鄲欣蝗於秦者也酷吏游俠外戚侵官蝗於漢者也大者如是小者不可算也自漢而下蝗日益盛民日益病蝗日益碩民日益瘠雖唐之貞觀開元閒號多樂歲蝗未息也鳴呼其爲害三千餘年矣跼跼躍躍實蓄有徒去之復生芟之愈舞其庸有既乎必有良吏特書屢書而胡獨罪予且夫節撥常程無非急征鬻獄寶判價隨重輕外託公計內爲己贏若是者不謂之蝗可乎權金囊帛崎如山岳封饑苞苴遺塗蟠錯一縫之費或至千索咀齊已蝎未厭溪壑不稼不穡取禾三百若是者不罰之蝗可乎大斫會朝彝朝退食水珍陸羞暎照中務是中其誰羔羊正直乘馬從徒呵哄塞衢鳴玉臾履鏘鏘步趨明且封事問之則無月際都內錢日廩太倉粟輔郡致酷醴京府飾居屋休問坎伐權不論鼎覆餗若是者不謂之蝗可乎屯甕百萬鬢弱湘半問其所工鍼輝鬼鍛貿

米已喘執考已纡褒衣麗襦市廛嬉婾私第一占終身晏如食粟而已烏知其餘此冗兵之蝗也官如傳舍彼長子孫所在朋曹發蠹詭誕舞文賣賄醫吾根本幸而縣還復為官草此吏胥之為蝗也傑閣廣殿金護病短土偶蒙珠髓壁薄鎮黔首無知禍福驅嫗此亮鬼之為蝗也節察防圖遏刺鑄官本待有功豈為養安養安以遷坐療厚秩率民戶百不能供一賤吏斥歸更得真嗣豈念嗣闌亦民齊臘推此以往其他可知貴介婿族乃及僮像倚勢豪奪飛食人肉數吻弄翼道路以目凡此皆人其形而蝗其臟者也其為民害章章如是若夫情田之農徑浮之佼曳繡之齋纂組之女倚市門之子假飾衣冠之士頊頊祿祿者尚不與此然則豐年常有數十百萬飛蝗在天下齡人骨髓豈特食稻黍而已說善稼者有時害民者無期害稼者遇官吏如僭中年則不入境今聖天子齋戒潔禱至誠動物我雖無知將率我族熱而遺還矣然我聾雖去民終未得學然也使若屬未殄天下詎有豐年乎因迷其語書以自省且偉覆風者得之為有位譽為

嘉定元年夏旱

慈湖遺書○楊簡嘉定改元久旱得雨呈張令君時庶事焦勞傴室中耕農旱月未施工兩龍會合千山晴敷日寮零百里同學手盡稱知縣雨何心領略大王風再生天造奚為報海有窮時此不窮雨日長憂積揣中感深令禱格天工欣欣處處人人喜影湫花花畝畝同不至傷如無極雅行當改賦黍離風邑民頷德于和萬奄檣如何可以窮

四年七月辛酉大水圮田廬人多溺者宋史五行志

八年旱宋史五行志

十四年旱蝗螣爲災宋史五行志

嘉熙四年大饑死殍成邱嘉靖府志王致傳

咸淳十年饑山陰縣志王英孫傳

元

至元二十二年秋大水傷人民壞廬舍元史世祖紀

二十九年大饑清容集○元史拜降傳遷慶元路治中歲大饑饑累上行省不報拜降曰民饑如是而不賑之豈爲民父母意耶即躬詣行省力請得發粟四百萬石民賴全活

大德二年饑○元史成宗紀二年四月發慶元路糧四百石減其直以賑饑民

六年六月饑元史五行志

十一年旱荒○至正志慈溪縣贍學海塗田地五百九十九畝大德十一年旱荒佃絕○元史食貨志十一

年以鈔糧鹽引賑慶元路饑民

至大元年正月饑死者甚衆元史武宗紀○嘉靖府志發鈔十萬錠賑之　是年春疫死者甚衆元史五行志

按濟南府志楊允傳允令慈溪歲大祲殍死載道致延祐志允知慈溪以大德十一年十一月任至大二年三月方安國代之則歲祲當在此時

至治二年蝗元史英宗紀

泰定元年二月饑元史五行志○泰定帝紀紹興慶元延安岳州潮州五路饑發粟賑之

天歷二年四月饑元史文帝紀

至順元年閏七月水沒民田元史五行志

至元二年慶元慈溪縣饑遣官賑之元史順帝紀

按嘉靖府志列此事於世祖朝致世祖至元二年爲宋[illegible]

熙初年慶元猶屬宋地不應書至元二年今據元史列之

順帝朝

至正四年饑元史順帝紀 海嘯嘉靖府志

六年旱嘉靖府志

十三年大旱元史五行志

十四年饑伯顏察兒去思碑

十九年正月甲午朔地震元史五行志

二十四年羅世華世英宏惠天錫世昌兄弟五人一氣偕老五世同居有司上其事於朝旌其門曰同居耆德羅氏之門嘉靖府志○宋濂五老圖序明之慈溪羅氏出於唐觀察判官隱之子褰翁來攝縣令因家焉至宋有名明復及謙者相繼擢第奉常蔚爲詩書之家然而謙之後人多以耆壽稱其諱綱者年八十有四而終綱之子善卿其卒之年如綱而不及者再期善卿娶某氏生五男子其一曰明遠年八十有三次二曰明傑其年如明遠而少二歲次三曰明德其年如明

傑而少十有三歲次四曰明純次五曰明叔明純如明德而少二歲明叔如明純而少三歲惟此五老人者高邁入秩卑踰六旬當風日和美之時婆娑中庭衣冠偉如琢玉鏘如于于而趨蹌蹌而語皓髮龐眉照耀前後華帨綠衣給事左右見者驚詫不曰此人世之上瑞則曰此國家之休貞嗟歎慕豔若有所不及一聽亦異哉昔者睢陽圖耆有五老聞矣其系非一姓其生非一門不過仕焉而止優游鄉梓相與賦詩倡酬人猶以爲異而傳之今羅氏則一姓也非直一姓又出一門焉豈惟一門又連若兄焉然兄弟之親有一從者有再從三從者有羣從者不能必其同也又同出於一父母焉揆於睢陽之所聞不爲尤異者歟尤異之事可不彰而傳之歟藉曰睢陽之傳皆以爵顯而羅則隱約於布衣然爵祿有命不可以倖致顯弗顯不當計嗟夫人生至欲者真踰於壽考耆之言五福壽以爲首詩人善頌雖不一而足猶以此爲至願焉羅氏一門獲之爲多誠稀世之盛事厥今之奇逢是宜材士大夫播諸聲詩牘繫篇聯繩繩猶未已也他日協諧律呂鼓於管絃使其子若孫持觴爲五老人壽非特爲一時之美談觀風之使或采而上之則牛酒之寵勞絮帛之數錫天光下照赫奕於東海之濱矣猗歟休哉顧序睢陽之事者錢公明逸也錢公之文雄故能傳諸永久若予荒陋不振之作將焉用之要不足爲羅氏之重輕姑述其概於首簡以俟如明逸者翻焉羅氏五昆弟生子二十二人共爨而食者五世至正初以同居耆德旌其門予嘗求其故翁孜孜樂善惠利及人者衆善卿生平不害物命其好施如其父儉歉則散粟

以給宗族無死徙之憂臨殁又聚借貸券焚之然其所培植者遠矣

二十四年饑竹忽吐實民競采取救饑雍正志

明

洪武十六年旱成化府志吳得純傳

永樂十一年七月疫明史五行志

十六年大風縣治廳堂門廊廨宅悉皆傾仆縣令縛草爲廳以居王恂傳景泰記

二十一年陳敬宗曾祖商港墓旁木連理澹然集

按木不知生自何年據敬宗連理木頌云先曾祖商港墓牆東南有嘉木爲榦腹雙枝齊起隔可三尺忽一枝橫貫其閒繆綴兩端膚理天成罔有纖毫作爲痕迹圍圓僅逾五寸永樂中余自翰林侍講丁內艱還家一見之敬宗毋

伊氏殁於永樂二十一年二月二十五日以是年五月祔葬石魚山見金幼孜所撰墓志據此當是二十一年間事

宣德十年大有年浙江通志

正統九年冬瘟疫大作明史五行志

十年三月久旱民遭疾疫二申野錄

十三年饑明史五行志

景泰三年災景帝實錄

天順元年夏旱明史五行志○英宗實錄杭州衢波金華嚴州六七月亢旱苗枯

四年四五月陰雨連緜江河泛溢麥禾俱傷英宗實錄

成化四年旱社鳴嘉靖府志○天啟志成化戊子縣東北山鳴隱隱若春雷出地聲乍大乍細迤邐至南而盡自此東北一區以賢科登身者十餘人

十三年水旱相繼憲宗實錄是年北鄉沈日勤妻張氏年百歲長

于仲貴年七十次仲和三仲柔四仲常年俱踰六十 采訪冊○虞賓詩孫曾慶集拚仙槃母子開筵共彩觴杖國杖鄉躋上壽宜兄宜弟拜高堂璐天瓘璨花騰斐綺席笙歌韻繞梁多少親朋都一笑霜毫寄刺退兒郎

宏治十三年瑞麥瑞穀兩見於秋夏 閻過庭錢崔嵩傳

十七年大饑朝廷遣王璟賚內帑銀賑之 嘉靖府志○史概十六年九月都御史王璟巡視賑濟相差一年

十八年九月癸巳地震有聲 明史五行志

正德三年六月至十二月不雨 敬止錄○嘉靖府志正德二年慈谿縣東清道觀之側山岡原有巨石竟丈餘盤陀巔阜時忽墜於田有聲如雷傴仆畝間人不能舉傳以爲旱徵次年果大旱六月至十二月不雨禾黍無收民采蕨聊生不給至鬻男女以食冬大雪河冰不解草木瘁死民饑凍餓者甚衆

五年十月以水災免甯波夏稅麥及絲綿有差 武宗實錄

六年大旱 嘉靖府志張津傳

七年瀕海地颶風大作居民漂沒明史陶琰傳是年乏食五行志○武宗實錄十月以水旱免甯波屬縣稅糧仍命瀕海瀕湖地方鎮巡等官區畫賑濟

按七修類稿七月秋餘姚大風海溢平陸數十里沿海多死者前數夜時人見海中多紅燈往來至是海歗云云慈谿瀕海地俱接壤陶琰傳中所載甯紹瀕海地颶風大作者當卽海歗也

九年正月民間訛言妖眚至每夜人各持兵器震響竹以備之嘉靖府志

十一年水災○武宗實錄十月以水災減湖州嘉興甯波三府夏稅麥及絲綿有差

十四年夏旱雍正府志葉竦傳

嘉靖元年夾田橋西忽漲一洲鏡圓而隆起太守向錄曰沙洲漲夾田慈谿出狀元明年癸未姚淶果以狀元及第耆儒袁

畧問何所據向出安吉志云凡洲起爲魁元之兆嘉靖府志

五年旱世宗實錄

十六年夾田橋東復起一洲明年戊戌袁煒會試魁天下嘉靖府志○雍正府志作十三年

二十四年大荒穀價騰踊每銀一錢易米一斗道殣相望嘉靖府志

按七修類稾嘉靖乙巳天下十荒八九吾浙百物騰湧米每石一兩五錢時疫大行餓殍横積敬止錄二十四年諸縣大荒道殣相望據此俱作二十四年事顔鯨錢義士傳云嘉靖丙午邑大饑斗粟百錢劉俟逢愷捐賑募好義樂施者自初夏迄旱禾登全活無算蓋饑在二十四年賑濟則在二十五年春夏間也

三十年李樹生王瓜諺云李樹生王瓜百里無人家已而果爲倭奴剽殺甚衆嘉靖府志○雍正志作甲寅是三十三年相差二年

三十一年秋旱種稑無穚袁文榮集

三十三年四月戊子慈谿民田湧血高尺餘明史五行志○嘉靖府志灌浦鄭家有一人昏時起步室中忽漫然有聲若泥淖濺其股呼燈燭之乃血也衣盡赭滿室沾溼出門試步畦町往往皆是當道舉奏人以爲倭寇陷縣之兆○七修類藁嘉靖甲寅三月慈谿灌浦鄭家忽然地裂流血舉家驚惶至晚町畦閒俱是當道舉奏明年四月倭寇陷其縣播紳軍民死者無算○寒村日錄縣志載嘉靖三十三年灌浦鄭家地出血郡志亦載此事而陳建通紀中至謂慈谿縣地中出血約有數處然余聞之老父相傳云文魁第中有患足瘡者早起磨豆腐暗中失足流血被地天明視之戲謂地中出血訛傳沸是年西賊遂至形諸章奏書之史冊蓋怪事之不足信如此

鄉多虎采訪冊○袁煒驅虎文略曰嘉靖三十三年仲冬十有六日元峯袁子自邑里入山中舊第將經紀先兄葬事夜臥小樓聞猛虎恣行不守巢穴嗥吼村落聲連枕席行人錯愕居民震恐蓋亦不恆有之事也袁子穆然思之以毒獸橫鷙人力不能制其死命必賴神明赫怒始克殛而除之我境廟府主鮑君鄉下將吏代食茲土鎮撫有年禦災捍

恩照懸揚威雖旁鄉踏鳴之民罔不叩顙徼福其在境下尤切瞻依且斂祉錫釐神既不靳幾百年之惠乃今覓孤眾望坐覩羣虎之縱橫耶敢以是至申刻具牢醴祭食稽首拜於祠下仍操文告於神前宜鑒予之忱令將吏致力毒弓矢而殲之不然當驅之出境俾無敢羣嗥於鄉堡以驚懼余良民

三十四年十二月二十九日未申時日光暗有青黑紫色如日狀者數十與日相盪俄而數百千萬彌天者半逾時漸向西北散去明年四月十一日倭奴陷慈谿縣嘉靖府志

三十五年秋下黑雨嘉靖府志

按浙江通志作三十四年慈谿縣下黑雨相差一年

三十六年免寧波被灾者稅糧明史世宗紀○鄞縣志是年慈谿四鄉多虎白晝啗人有巫降神於甘將軍廟鄉人羣訴虎患巫書符召一虎入廟中安伏戒諭之叱使去虎乃奮出巫語人曰八月後當靖已而果然嘉靖府志

三十七年民訛言榰兵爲孽天啟志○敬止錄三十七年春浙東有馬道人爲孽於嘉湖覩
榰爲兵呪卽持刀杖作障焚劫地方官兵追捕之已而流入
杭州爲幻已復由紹過甯民間競言馬道人分徒黨徧擾村
郭或以人物器皿投地人得之以歸卽舉家擾亂不可毆逐
或升屋破壁而入無間男婦深睡時爲所壓不能展轉㾭則
氣索索不蘇有因而竟斃者遠近大閧每向夜則具刀杖震
響竹追逐之竟夕不息各戶多懸鐘鑼鐃鈸四字以厭勝之
當道奏聞勤限追捕竟不
可得民訛迨三四月始息

三十八年南鄉有李氏婦一旦昏迷自食其子嘉靖府志

四十三年六月初三日甯波落雪似黃色二申野錄

按敬止錄嘉靖四十一年六月三日天落白物如雪鄞及
定海皆然而未言及慈谿二申錄中則統甯波言之且年
分亦差二年姑存之

隆慶二年夏大疫陳茂義撰弟婦王安人墓志

三年閏六月十四日風潮崩塌海塘房屋萬物漂流渰死無

慈谿丈量田地尺申業○續文獻通攷隆存慶三年以水災免鄞慈奉象定存留錢糧

四年正月十八日夜下黑雨雍正府志

萬歷三年六月戊辰大風海溢淹人畜廬舍明史藁神宗紀○五行志六月杭嘉甯紹四府海湧數丈沒戰船廬舍人畜不計其數

八年桃李冬華雍正府志

十五年大水又大風若排山倒海合圍巨木石柱無不摧折室廬傾圮屋瓦翻飛雍正志

十六年大饑流離徧野民有以一子女易一餐者雍正府志○天啟志萬歷甲申乙酉丙戌歲飢稔民間糶粟米如糞土丁亥戊子遂大祲前餒賤用之稀有蓄藏無以周綏急嬶民攜妻抱子行乞者如蟻官作粥糜散之不能救也至有懷百金田券不得售而死之戊子夏瘟疫權之道殣相望○又柯偉傳偉令慈時蝗蝻洊臻道殣相望偉發粟平糶作糜以飼餓者

十七年六月海沸甯波屬縣廨宇多圮碎官民船及戰舸壓

溺人明史五行志

十九年夏有青鸞集於襄府教學馮柯之庭慈湖書舊詩傳六月庚子慈谿茅家浦湧血八處大如盆高尺許血濺船船出血濺人足足亦出血數刻乃止明史五行志○二申野錄己丑入都茅家浦口紅血從草中出按己丑爲十七年與明史差二年七月濱海潮溢傷稼淹人明史五行志○鎮海縣志七月十九日東北風大作雨大如注海潮溢九月卿雲見於大寶山天啟志○曆隆慶雲記曰郡郡丞武陵龍公伯貞以修城之役入慈邑邑之士大夫請復城西大寶山公許之頃令吳郡黃君宗甫及士民謀僉同不佞隆適以他事至邑與聞其議萬歷辛卯九月二十六日議方成是日伯貞攜不佞及邑搢紳陳大參觀甫馮方伯汝迪張太守尙通泛舟江上登普山觴余淸道觀淸道觀者祀東嶽神畢著眄巒邐近乞靈者甚眾伯貞率不佞肅拜嶽神畢從東岡步入後山徘徊矚眺伯貞指點大寶山離立諸山中雲木臻秀嘗作金銀氣鬱葱氤氳故得名爲一邑最勝伯貞語余往年趙司空祖買玆山築書院其上姚學士淶遂領狀頭其後廢而學士死土人伐其山草木輙有劫盜邑藏火再伐遂致烏爽掠賢其應如此至是邑士民以興復請余將築一庵奉大士香火庵後爲書院兩崇儒釋儒教民人儉釋風之淨兼其

庶乎語未畢而卿雲起西北白氣一帶曳練曾城架世界茫溔矗若在琉璃綴海中進西五綵絢爛丹者如色初染黃者如金在鎔或如紫綺或如絳綃或如紺珠或如翠羽閃若列缺幻若蜃氣突若龍驤翻若鳳翥光采射人目眩而不止神惝而不定璀璨中徹露青天作蔚藍卵色不侵狂呼曰大奇大奇時參知三公尚在山下伯貞使人急呼三公至而同觀咸相與歎詫不已參知曰伯貞先生與緯眞氏文章家是五色爛然者爲兩君毫端作也方伯曰龍大夫數彌節吾邑諸與利除害驕茲土甚大是卿雲者章循良也太守曰大寶以寶氣名今日甫議興復而雲氣輒爾瑞應也伯貞曰是國家之王氣也不佞舉乎戲言曰諸君之言皆言之眾祥集而後卿雲之所爲作也龍先生楚國名儒蹈道秉禮中歲皈心竺乾虛寂澄湛今茲復大贊山而庵大士以明祥宗播書院以興文教帝心之所以格也佛本西教卿雲適起西方此其符也邑之士大夫謂盛事不可不傳以不佞目覩嘉美屬不佞次第記之又作頌曰龍侯有道黃流玉瓚葆眞抱素文藻蒞贊車轍至止仁風是扇秋原應覽穡省斂遊彼江沱輕舠泛泛爰陟崇岡徘徊矚盼寶山嵯峨特立葱蒨鬱鬱霏霏卿雲有爛起自西方照耀震旦皓氣曾城平若匹練五綵並騁九域爲燦晴繪而翳晴染而茜若金出鎔若葩吐鋪疏者若綴密兮若纓若綃曳姝若錦濯漢織棟雕梁丹楹紺殿騰龍煜奮翀鵠婉孌甫盼凝霞忽迸閃電瑞是希有瑰爽目眴爛兮曷起謂兆文明手一徑不律天挺菁英仁侯孔邇吹萬生俾彼卿雲以應福星石山西峙大鵬展翼鬱鬱葱葱寶氣

是星龍侯曰嘗聖明在服王氣自天下燭四國緯貫奉道輙依覺星有美卿雲乃自西方衆善來集鍾厥嘉祥太史應奏貞瑞爲章

二十一年秋地震敬止錄○天啟志秋地震几席間筆牀茶竈相擊有聲

二十二年正月朔震雷大雪三日止雍正府志有元蛟出於聖殿西北隅慈湖書舊詩傳

二十四年秋大水傷稼民多淹死敬止錄○天啟志丙申仲秋十一日亥時風暴發連三日夜水溢城中可三四尺許綠藻集扉白波封戶舟從岸行四鼓樵而上女牆四望一色禾稼盡傷額垣相望居民有沈死者

二十六年九月水慈谿災九分准免六分於本年存留糧內照數豁免續文獻通攷

三十二年大雨雹相搏如杵雍正府志○天啟志三月二十日晝忽暝雷電交作雹大如升斗相擊如杵須臾階宇砌玉蔬麥盡空是年楊守勤首春闈廷試第一識者以爲先兆云十一月初九夜

地震 雍正府志○天啟志冬夜三鼓地震牀榻盡搖扉上雙環如連叩不已萬戶俱驚坐以待旦

三十七年秋大水漂沒民房無算 敘止錄○天啟志秋大水淫潦湧激陵谷易處凡附麓蠶井依山結廬者半委泥沙千餘古剎曠代石橋崩陷無迹湮墓漂骨者無算甚則平原曠野或阨於水口或夾於遼隈雖居列萬楹戶連千火頃刻一決不知所之居民之濱江者器具什物漂流取之擇好棄餘不勝收拾

三十九年春多火入夏數旬未雨不得刺秧秧盡枯農越鄉邑貸種六月望雨甚水溢至二十日始退二十八日雨復溼注越月初二日乃已南畝之實盡稀不能登場 天啟志

四十四年正月三日蠶慘黯雪墜空如傾封垛可一二尺許或三尺許山中坎陷平塡七八尺摧拉竹木無算時入春十日歲寒雷旱發聲而陰凍連旬不解人共瘴瘃簷冰長短垂垂如銀柵排戶 雍正府志

四十六年七月大水壞廬舍溺死者甚衆 雍正府志

天啟元年六七月亢旱浙江通志

二年十二月大火○雍正志怪見於市民馮清家或衣緋幘或素衣冠或一或二三為伍始惟小兒見之繼則男女俱僊汴覩月餘乃止父老云此當灾冬十二月二十七日火發自西至于關帝廟明倫堂尊經閣俱燬北自麗澤橋南至驄馬橋署刻成燼

三年十二月二日申時地震雍正志

崇正元年七月海嘯颶風大作海水溢流傍海居民多被漂死雍正志

二年米價騰貴雍正志○鄞縣志元年二年俱水灾

四年林大智妻曾氏年百歲

五年永明寺火○雍正志壬申正月間永明寺住僧傳賈贈佛時當白晝偶小舟數艇從半空中載之而去閻者莫不以為龍至十月十八日火從寺中小屋起突而烈焰彌天立成灰燼僅存山門如故

六年癸酉海嘯暴風發屋民廬半圮馮元飈與韓太始書

七年歲饑○張九德救荒議古云救荒無奇策然正不必奇也未事當預議閉糴之禁臨事相率爲勸賑之舉至於顛連在目不得已而散米煮粥亦焦頭爛額之下策矣尚得徒修具文鮮臻實效乎蓋被荒非一人一家之害救荒非一人一家之力與其移民就粟不如移粟就民僵餓遺黎安能匍匐二三十里而就口食又安能率其老幼男女傾家而至且日雖得食夜則露處草棲聚衆人災疹之氣轉成疫癘若報荒造冊徒滋胥役之擾耳審係水災耶則水鄉荒不待言矣審係旱災耶則山鄉荒不待言矣就其荒最甚處各設粥局守令主之搢紳逢掖義士輔之親爲督理毋徒委之胥役可也德守雲間時值大祲積天民艱粒食隨城鄉徧設粥局每局分四廠曰老壯廠婦人小兒廠斯文廠乞丐廠男女有別貴賤不淆使魚貫而入每名給小木牌一面開區圖籍貫一面開初一至三十日大抵日日來者眞饑民矣若有老幼篤疾在牀者量給粥帶歸若親見其困憊殘疾耶即頓給數日之米上午以辰爲限下午以申爲限使之仍可生理如常不佞角巾布袍乘扁舟親歷各鄉審其旨否復攜錢散之并諭下令屬邑皆準是法煙火相望全活數十萬計雖不佞主之亦藉賢士大夫協理之令吾邑之荒雖不是舊而汪侯軫念地方慮懷下訪豈爲老馬識途耶敢陳末議如左

是年張彬年百歲采訪冊○張氏家傳彬字廷用號東溪天啟丁卯壽躋百歲御史姜思睿以聞給冠帶

按雍正志汪偉令慈歲祲捐俸市粟勸輸平糶全活甚衆而不詳年月汪以崇禎十一年由慈谿知縣行取爲檢討其令慈在十一年以前張尙書九德救荒議有汪侯軫念地方云云尙書以元年罷官卒於九年丙子則作議又在九年以前攷府志崇禎十年內無青年饑者惟鄞縣鎭海兩志皆曰七年旱饑民取南山白泥以食競傳曰觀音粉則慈谿歲饑當在此時

九年大旱采訪冊秋瘟疫大作密娛齋後集

十年江西按察副使劉伯淵壽百歲兵部侍郎王業浩循例題請敕巡鹽御史梁雲構賫詔存問晉階太僕寺少卿賜花紅銀十兩雍正志○劉氏家傳伯淵生嘉靖十七年戊戌七月十三日至崇禎十四年丁丑滿百歲○明詩綜十一年朝廷遣御史梁雲構存問○雲構奉敕存問百一歲翁劉念庭先生詩天子臨雍還拜老代狩亦猶行古道一含

近有百歲翁夫豈萬里覓瀛島翁之解組半百年瀟息亭中久卻歸已邀聖眷賜恩存表閭綽楔揭扆藻我乘小艇入慈谿翁來肅客威儀好頭若慈父色近人歸費方醵貲胡孝廉而偃僂造其堂酬酢淋漓互傾倒更有二客侯元洲在予與翁相爽猶雲璈夜奏黃鶴舞翁乃大言發清謳明月照人飲不休咸願抽毫紀其遊以為此老大年勝黃綺吾輩今夜在丹邱

秋瘟疫大作二禾減收密娛齋後集

十一年六月甲寅大風密娛齋後集地震有聲雍正府志○鎮海志七月地震

十三年大旱○敬止錄○明州繫年錄自此至明亡無歲不旱○雍正府志十三年大旱鬨傳地出觀音粉五縣皆有之饑民競取食爲其實即禹貢所謂厥土白壤之類食之者多病腹脹

十五年大旱饑雍正府志

十六年旱饑雍正府志

國朝

順治元年饑○韓湘夢游記略歲在甲申旱魃肆虐郎喬腴之區皆爲饑國斗米千錢人盡稽樹撥草穀槁不收疫癘大作城郭內外所在塡尸枕藉

三年大旱四月不雨至秋七月雍正府志○浙江通志甯波旱斗米四錢

四年饑蘆樵集

五年李家嶴鄭濮州墓上產芝一叢高者尺餘低者二寸紫蓋黑莖重重相向見黃蘗

八年大饑斗米五百錢雍正府志

十一年夏大旱河底折裂○韓湘夢游記略甲午夏四月大旱至八月旱甚比躬行田間見若黃而槁者竟畝如一○雍正志夏大旱知縣王繡禱雨於石八潭見綠色蛇蟠盆石上昂首四射大雨立注

冬寒江水亦冰經月不通舟楫雍正府志

十二年夏大旱繼以大風雨害禾稼采訪冊○鄭梁乙未風雨大作歌魃鬼猾怪據要路殺人埀盡帝不悟四海神龍積鬱怒戟鬚裂眦向帝訴帝詔神龍汝作霖乾坤翕歘雲陰陰千潭龍子久埋洗鱗騰焰齊歔吟驅役豐隆弇懸曜封姨隨之號萬竅天崩地折返鴻蒙號屏翳翳立空中檐瓦飛松竹折鳥鵲愁雞犬慄江流沸溢山石吹裂鰌魚深潛鼉獸遠遯昏黑幾無晝與朝閉戶但聞聲蕭蕭消渴殘禾離枯焦數日淋漓未蘇餘色漸惠

青搖白水老農歸說腹生子是天原不甏殺人秋去冬來可食新那知造化生物亦貴有其準矯枉過正之事必有損辯龍上請已失時江流斥鹵絶瀲滋沛澤連朝太疾急乾土如石浸未入斥鹵泛濫爛苗葉莖萎根腐嗟何及急作哀辭向龍歌願龍收風雹雨暫停波龍是蠶蟲舞摩挲天觽横空恃功多風狂雨猛奈若何

十三年疸疫孫路撰陳嘉賓行狀

十五年三月大雨雹擊死牛羊桑葉盡折墜廢遺蠶多餓死雍正府志○大清會典十五年浙江甯紹二府颶風雹雨灾田畝按分免糧

十八年自五月不雨至秋七月雍正府志是年明潮州知府向尊輝妻陸氏壽百有三歲宋訪冊○向氏家傳尊輝知潮州有方士獻長生藥尊輝不之信其妻陸氏妾吳氏分啖之陸壽百三歲吳亦百有一歲

康熙元年夏旱阮震亨草草吟

三年七月東鄉顧家衕一日午時風雨驟至木石俱拔閤村廬舍盡藏頃刻而盡礱碓皆懸樹上雍正府志北鄉大水草草吟

六年夏四月大旱饑采訪冊○鄭梁閏孟夏口拈詩孟夏常時苗已發今歸閏月尙荒蕪民貧到骨無天顧歲旱如焚有吏呼燕雀奮梁欣自託江山靑草盼離蘇考成從古憂民牧歎息陽城負丈夫

七年夏六月十七日夜地震池北偶談六月十七日戌時地上生白毛長者尺許形如馬鬣雍正府志

八年秋大水一夕平地高數尺雍正府志

九年冬十二月大雪自十三日至二十七日少霽采訪冊

十年正月雪中震雷閃電夏大旱采訪冊

十一年久雨禾將熟倏生蟲在根節間如蟻蟲禾穗多枯歲歉雍正府志

十六年四月城中鞠花盛開黃宗羲撰王孝女碑記

十七年五月初九日未刻雨豆二十四日復雨雍正府志

十九年虎大橫白晝食人雍正府志

二十年四月至五月淫雨不止禾稼盡淹死農家多更插秧

自六月不雨至冬十月雍正府志○鄞縣志五月十三日雨至明年正月乃雨

二十二年夏大疫雍正府志

二十四年饑望雲叢○姜宸蓴丙寅暮春接去秋家信詩開書又說是凶年斗粟看看值百錢最是傷心爾母鬻鬻於兒未出門前

二十五年夏六月十五夜天開眼五丁詩叢秋荒望雲叢丙寅冬至後十日詩注

二十九年夏久雨暴熱雞豚死者過半望雲叢○姜宸蓴夏日山居詩我家常不繼炊慓嵒道村農亦盡然菽麥都荒過月雨雞豚半死暴炎天可憐愁苦遍傳裏倍覺淒涼放步前草野不知宸聽遠田租還望賜今年

七月二十三日大風雨二十四日龍戰蛟出海獻山飛平地水驟高二丈餘人民溺死無算采訪冊○浙江通志浙東上虞諸暨餘姚慈谿四縣被災田畝免糧○姜宸蓴水災篇庚午中元後一日自城附舟來龍山日光酷烈江水赤如湯沸鼎相煑煎入山數日暑愈熾汗流徧體恆昏然幾近二更人靜時千奇百怪聲宣闐似歡似泣似悲號陰風括入牀頭邊我固從

來心膽壯疑是惡烏遠來避暑巢高巖種類繁多自嚌繡未
膏驚異仍安眠鄉民謂是羣鬼哭訛言四處紛流傳雖或浮
湏多不根大抵不出死亡喪亂凶荒聞熱至二十日己酉雲
霧重疊遮青天午後微雨濛濛下早苗得水皆欣歡二十三
日壬子清晨時轟雷笑電互作驚心顛風雨淋漓四晝夜九
龍飛空出沒交盤旋有如共工怒觸天柱地維絕銀河千億
萬頃之水汎濫流人寰又如任公誤釣東溟一鼇起蓬萊衆
山摩盪滄海之水湧塹鏘桑田不然豈是神獲歲久憤斷鐵
鎖無拘東蠢吸江湖淮泗九河之水從空噴瀑飛雲端拔樹
走瓦撼江陵山上寺樓佛殿鐵欲從空翻乙卯夜半水頭高
一丈臨溪村落廬舍隨狂瀾水面諸呼號叫倚人救聲震天
地心辛酸老僧獨從數十餘暗中冒雨千往還閭人呼處即
載起村中數百男婦半保全平明遠村亦衝後架木乘流爭
迴沿須臾雜脊來滿山穩立大風雨中透骨寒怨見人伏梁
脊淨水過數簑救取而回氣息殘移時驚定能言語自云居
住餘姚城下之西偏城不浸者僅三坂比戶隨流無一完閭
言未畢心欲碎慈餘兩城地皆污下臨江千彼已如是此若
何恨不能霽時飛到吾廬前次日霽止雨腳收曬望家室登
層巒萬村木末篩微微四野水勢流漫漫指點東隅杳渺開
不見人民城郭徒悲歎波濤漓湧澎湃中屬與檐兼百物飄
過如雲煙八月三日五更初雨復滂沱風狂顛劃然一聲貨
林谷如從半空截下霹靂變問知乃是中舉石壁飛後下百
丈眠溪灣直過初九天始晴市廬陵谷皆推遷山下老人年
百餘陀爲異事聽落歸九泉半無居處禾朽盡家家日夜際

哭血淚連白璧公然行劫略人情洶洶多流言前時鬼哭之說不幸已偶中得毋此說亦驗禍蔓延我猶阻水不得歸悻念他人亦自憐遣僕泅水出丈亭至今絕無消息望眼穿命窮意外滋愁苦而況數日陰雨仍連綿我甘餓死人未敢會須良吏竭力相救援矯制發倉古有之變奇事急宜從權天子仁聖邁百王去歲全浙田租蠲果能委曲達下情安知不復賜今年采風何必務廣收顧只采此水災篇八月初三日復大風雨明日水再至如前餘姚尤甚豬山之間兩龍作壩漲空崛起數丈上流之水壅不得行商雷文定

○裘璉慈邑賑荒碑記庚午秋七月霪雨慈谿大水穿山頹谷之顛往往土裂泉湧沸騰衝奔流沙夾石擁田廬井舍民畜無算旬日閒水深至丈餘潮汐不能瀉民皆巢居田禾或實或秀俱腐爛不可收拾萬姓嗷嗷洶洶愿者坐斃黠者聚無俚少年操舴艋出沒洪波中鹵掠村舍於是兵使者三韓趙公且惻且懇集郡守丞倅謀所以救災捍患而卹民者二千石張公毅然請巡行下邑拯溺賑饑轄未臨適撫軍大中丞張公捐俸輸糴汎舟相繼而命浙藩分司高君杭州參軍前御史張君董其役三公者則皆單騎裹糧戾止慈邑郡倅乃集薦紳耆老告之曰邑中非巨室大家則絃歌固窮者居之降而牙儈負販之夫咸能謀身不若吾農民苦余欲先鄉後坊非余偏徇曰俞哉惟僕明僕又曰水之災田受之是當按田議賑然有田者尚可生無田者不可活于救先賑無立錐無隔宿者非余

私意曰俞哉惟侯仁而於是吾邑侯固買父也靚郡侯之愛民如順婦之遇慈姑與煦袥席帷子女欲而蠲司公又練達參軍公又強敏所以宣趙公之德意布張公之惠澤者四君子之賢缺一不可慈之民何其幸也夫監門之繪圖有其意者無其政丙史之發粟有所予者無所取千古之下尙稱頌慕悅不衰孰如我大中丞張公之嘉惠吾慈也人坐於湖山風日之中而念周於懷饑魚鱉之苦觀數百里若戶庭然此其仁心爲賢既出鶴面於將枯復革膚眼於未化豈可徒以儀石多寡計也哉且古來循良吏非盡乏也下有所請而上格不行則設上有所爲而下奉行不法則擾茲自無軍而下毋或客自邑侯而上毋或驕驕客不出於有位而民之生也裕矣此所謂究不能殺年不能凶者耶孔子曰博施濟衆堯舜猶病慈之民戶不下數萬升斗而人給之其力必不可備而其勢必不可以繼自中丞公之粟一出而富者聞風而好義而發者食德而自強小人不遺君子不隨莫不由此是舉也民信立矣民信苟立雖去食可也況食之乎於是闔邑之民奔走懽呼謀諸薦紳請於邑父老而願立石以記若無若牧者仁恩於不朽致曰惟

聖天子宵旰焦勞問雨春苑祈年代高擊工體此仁質廉操慈谿蒸爾亦如於堯夷陸沈鑊不竈而巢魚鼈相見鴻雁哀嗷無軍曰噫吾祈之齋辭倉嘉粒召黍飾苗歲星在越變呼爲謠韋分守公共揖洪濤裒多益寡勸輸者衆郡侯邑侯渤海守年惟仁惟勤毀饗不撓雖司蘧慕汲汲星軺己饑己溺禹稷尻高民有泪也官與號號民有祝也帝與榮褒吁嗟天吳弗

唐此郊石輕恩
重承冀金樋

三十二年春夏亢旱秋大水十月二十四二十五連日地震 白雲軒集

三十五年旱 橫山集○襄連大雩頌序柔兆困敦之歲旱魃爲虐自春徂夏涓滴不施於是兩苗未播三農具胼太守三韓高公精誠雩禱甘霖隨澍越十日復不雨知天地之氣未通而我公之感格倍有徵也公雩禱如初未幾風雨大作六邑優霑綠字之民欣躍欲狂傳說之大旱作霖鄭伯之黍苗膏雨無以過也○鄉性趣羅侯斯雨鼎新潭詩三韓羅侯才無匹英年割雞來慈邑下車歲旱民倉皇禱及鼎新緣驎出雲師風伯須臾會散蔌隨人處處給人人喜雨頌羅侯羅侯不有同蘇軾繪圖似欲歸之龍留與千秋作紀述吁嗟乎能苟能雨胡不雨必候羅侯一拜揖

四十年西鄉沈玉麟妻陳氏年百歲其長子年八十一仲季兩子皆七十餘後其季子邦臣妻蔣亦至九十八歲 采訪冊

四十六年正月虎出於東鄉胥照山鄉人逐之倏失所往 采訪冊

四十八年水災浙江通志

四十九年夏四月至五月霪雨不止六月十日始晴亢旱者

六十日橫山集

五十四年北鄉大水拾遺編

五十七年趙北聯妻陳氏年百歲采訪冊

六十年三月望後雨雹小者如碗大者如盆浙江通志

雍正元年秋大旱荒雍正志○鎮海志浙閩總督運米至甯波兵民平糶

二年七月十八日海嘯有聲濱海居民同時共聞采訪冊○浙江通志

七月十八日鎮海大雨海水溢鄞縣慈谿奉化象山餘姚上

虞仁和海甯海鹽平湖山陰會稽蕭山永嘉同時大水九月

二十一日奉

上諭浙江沿海被災小民艱食著湖廣買米十萬石江西買米六

萬石交浙撫平糶○鹽法志海潮衝溢沿海場竈發帑賑卹

其未完場課銀四分悉行蠲免○鄭性與陳邑侯書竊惟鬭

在鄉鄰纓冠則惑攘臂搏虎貽笑士林性生平失學論棄心

甘忽忽年衰愈狃閒散不幸而遭歲災哀鴻徧野觸目可憐

幸遇我公一體痌瘝通詳救濟兹奉上憲發米煮賑召問語諸委以協理自顧無才殊難勝任返舍伏思不敢廁身衿書之末擾擾逐逐徒取罪戾而惟有一二愚籌未必有當一敢妄爲我公進之

一粥廠倘宜增設現設粥廠止四十所一所兼數里每里饑民夾雜前來遠刁呼號變起倉猝董理者勢不能支前年鄰縣煮賑東西兩鄉止各一廠爲綱擇有才德者司之而每里分設一廠以爲月殺其勢則變不可得而起矣

一給米合再詳請煮賑一節在上憲無非欲饑民之聚實惠而饑民之中或老且病倘遇風雨冰雪每日餬口來領其苦更有難堪不如每半月一給以米俾其領歸自煮之爲便抑且既省柴薪董理者亦不須每日之支給煮粥之勞斷不如給米之逸昨公云曾詳憲不允然目前姑奉憲行日後倘可請允敢乞撫示批詳俾性擬一復詳之稿以備采用

一董理不必衿耆舉衆之人未必盡諳經濟遇年之人未必具有精力每里中止擇其能幹辦者而委之分給令司綱廠者稽核之

一續報似宜據轉各里饑民具報未周今有一衰號續報者據性近里皆誠實可憫之人似宜一准其續報賑米合須請發伏闔縣米止於千石而邑內一百七十七里每里冊報合例饑民約有百名內外通邑計算當不下一萬四五千人每名每日之粥合米不足以給即止於合米一日約須一十五石自本年十二月初一日始至來年二月三十日止共九十日須米一千三百餘石矣又現每名每日合米斷然不足乎即無續報必至半途缺賑饑民相聚毃敗何以發遺此不可不預爲詳請上憲以備不虞者也至於饑民不

推捏報賑米不許中飽隨處隨時自合查察然猶屬易事惟本里係十二都五里里中有某某者可任一里之事公行牌着令可也又呈陳邑侯牒稱惟救賑一節上憲之所以軫卹災黎而必令煮粥以給者誠恐災黎久餓待食孔亟力不能自行舉火親之如一體養之如一家也第性以菲才謬厠董理之列到厰以來迄今三日矣見災黎赴厰領粥近者越一二里遠者至越十有數里其間有瞽者有跛者有久病尫羸者有老邁不能舉步者至有一老婦力不能前口啣一僮以手代足匍匐而至性目擊心傷一厰如此他厰類此者殆不可枚舉三日來幸遇晴和猶且難堪設或風雨冰雪此輩以空心枵腹跰有不僵死半途者矣逐日領粥情狀必至於此以性管見不如十日一給以米之爲便已曾在厰稟飢實人咸稱如此發賑則我輩益蒙實惠耳以一日領米其九日有力行乞者尚可他往行乞否則每日赴厰伺候徒耗官家之米而竟不一自覺生活亦災黎之心有所不安者也性既任董理不敢不以下情上達第未經奉憲或慮擅行伏仰天臺據呈轉詳倘邀憲允給米則閭邑歡呼更倍尋常矣

四年大有年雍正府志

五年秋大雨水發浙江通志七月十八日夜臨安孝豐兩縣出蛟山水陡發鄞縣慈谿鎮海亦大雨水發。鄭性送劉邑侯𢘿歸序慈谿故浙東瘠邑也前明科第仕宦者衆號稱聲明文物今衰息久矣上富者產不及千畝而紳士尤負年來歲寒頻仍逋負賦斂臺省相隔遼遠至目爲刁抗之尤而不知其實不聊生滑臺劉侯作宰惻其痌瘝特甚一心寛卹其莅任之次年初秋颶風海潮泛溢侯乍見輒怵惕惻隱具牒通報迨後壅而不轉侯覚以不獲上緣他事罷去

七年大有年雍正府志

八年歲豐雍正府志

乾隆八年三月初三日大雪○此下均從采訪冊增載有見他書者則注之

九年七月海水溢

十二年夏秋大水

十六年饑旱成災米價昂貴大清會典○董氏譜夏大旱饑自閏五月至秋八月乃雨稻盡無遺種富者僅足自資貧者鵠立無人色

十九年八月大雨山水暴漲○顧樞甲戌大水歌八月九日雨如注雨師踆雁水官怒海門潮立助汪瀾頃刻揚帆舊行路行人疊水水及肩乍可泊洋學鷗鷺可憐賜兒正惡臥淫潦浸牀猶未瘉有黍持向樓上

犹荇藻縱橫在窮簷鶯飛兒女尚吞聲門前又聽催新賦

二十年七月大風雨拔木損稼大清會典上諭浙江鳴鶴等場被災處極貧各縣二月次貧一月○顧桐乙亥大風折柳行去年八月九大水欲沒行人口今年七月半復沈我竈不得爨何來怪雨乘盲風風從虓虎鼉舞龍顛狂三日不肯住折我門前大柳樹便教水盡秋影凋無復長條纖煙霧

二十三年八月十六日大雨三晝夜山水暴漲千溪衝決章

氏族居少完宇者

三十五年秋大水

三十六年八月大水竹南年譜

三十八年鄭傑妻余氏壽百有三歲

三十九年春三月鄭泰壽百歲夏旱

四十二年十二月大雪平地四五尺

四十五年七月龍鬬於大寶山電馳雷擊雹大如磨石山上

寶成庵摧圮成平地

四十六年四五月旱六月十八日大風雨拔木飛瓦禾稼盡偃伴梅草堂集

四十八年九月二十九日夜半地震伴梅草堂集

五十年瘟疫

五十六年秋颶風水發淹沒禾稼冬饑斗米三百錢

五十九年瘟疫

六十年冬大寒數百年樟木凍枯不蘖

嘉慶元年旱鶴麓山房集○葉煒喜雨呈林桐崖明府詩皇天久不雨萬民盡憂色昨余過訟庭相對心惻惻繁暑蒸肌膚終朝廢飲食可憐望霖心欲慰慰無由得我公戛然起誠求一何力長跽赤日中汗流不敢拭真宰訴青天驗官自引愆齋職宰官身勿妨民稼穡斯須雨傾盆歡聲四野塞雖云適逢會精誠亦已極平疇來遠風披襟開胸臆願築喜雨亭用誌使君德

二年夏六月大火。○遺聞別錄嘉慶丁巳有妖見於城中學士第黃昏則見約十人皆黑衣短後面目不甚可辨拋擲磚瓦砂石屋上行走如飛眾噪而逐之了無懼意迄不能制閱一月餘始息此四五月間事也逮六月遂大火學士第及袁府袁察院房文武進士第南起市心北至關帝殿以北兩旁鋪舍民居焚燒殆盡自酉戌時始至次日天明方止大街周圍一帶盡成瓦礫之場於是始知怪變之來其兆非偶然也

三年旱饑設粥廠捐賑四明談助

四年夏地震聲如雷明州繫年錄

五年正月大雪平地五尺繫年錄

按鄞縣志正月戊辰大雪五尺攷是年正月甲寅朔越十五日爲戊辰鎮海志正月大雪自十四至十九日平地三尺餘

六年十月監生楊煥章妻鄭氏年九十五歲

七年五月霪雨秋大旱饑

十年大旱○張與參紀事詩有高田虎張口低田火焚藪之語

十一年夏大旱六月不雨至七月二十三日雨葉以成詩稾

十一月二十五日鄭用妻馮氏壽百歲

十三年饑設助○采訪冊斗米三百六十錢

十五年旱○鬭雪集分龍後苦旱七月朔得雨未足復旱初十至十二日大雨田禾旱久龜潮至灌田如渴飲既得大雨始無患

十六年饑冬有虎入田胡文昌閣抱柱而獻聲震遠近爪入木者寸餘鄉人率衆斃之采訪冊

十九年大饑設廠煮粥以食餓者清風軒集

二十年九月十一日夜地震王亞伶詩稾

二十三年北鄉宓家埭火一家燒死男女十九人○葉煒火災紀異詩

從來誅惡雷司職霹靂一聲人股栗變雷為火拉雜燒天意不知其所出我鄉宓氏上體房男女一家計二十大小同住

七閏樓五夜無風遭火燄烈㸌縱橫黑煙幾驚魂欲逼迫不
及爨時人與屋俱灰二十數中只漏一中有臨蓐兒呱呱聲
未絕阿母頓復起悲苦難具述其間半是出門人相約歸來
死同日骨月消磨無處尋道旁觀者爲垂泣我聞此事心慘
然天網恢恢抑何密輿論紛乘追所由隱約模糊都未實即
云顯報倒應然罪不及孥猶有律我於此事疑未明欲上青
天向
天詰

二十四年夏大旱五十四日不雨鶴麓山房集○葉煒己卯七月苦旱詩不雨五旬餘
西成望已虛哀懇先澤歷殃竟及池魚半月巫空禱三年獄
可舒寄言當道者民事果何如莫向郊原望傳聞心早酸龜
塍泥盡坼鶴渚水都乾謾說同生易先
愁止渴難一杯同玉液忍作等閒看

二十五年六月寒可御裘觀海衛宅山廟祝家雞胎生訛言
兵戈繼起流血滿地民間皆殺雞瀝血以禳災七月晦爲除
夕作歲除之祭以示除舊更新之義沈啟字藻記是秋大疫其病
霍亂吐瀉腳筋頓縮朝發夕斃名吊腳痧死者無算訛言雞
翼生爪食者殺人雞殺殆盡

道光元年夏又疫○沈啟宇孫記客歲病瘟名吊腳痧筋急若
抽而死或言此是蜈蚣蠱明歲將生蛇蠱較
此更甚至
夏疫果熾是年南鄉諸生王宇清家後山麓竹生兩岐
二年自五月至八月連雨不止北鄉大水田禾淹腐是年十
月潘士傑年九十三歲親見七代賜七葉衍祥扁額
七年王承明妻馮氏年百有一歲巡撫劉彬士題奏旌其門
曰貞壽之門
八年秋大旱○清凰軒集俗傳瓦舁老龍以十數小兒鼓碎
瓦禱之雨立至戊子秋大旱行之甚驗○尹元
燁詩瓦聲登登敲不已老龍渾底伸腰起小兒聲瓦如擊鼓
老龍聽之喜欲舞老龍聽瓦如聽笙竽聲仰天噓靈雲忽生
頃刻倒捲江河傾縣官拜龍向龍訴瓦聲未絕雨如注城中
萬瓦欲浮去君不見白龍豬山龍呼之不應兩耳聾尚有穹
祠絕壁下老龍雖神無片瓦安得移取長生未
央瓦當材舉龍爲神搆大廈龍來小兒還莫聾
九年正月十一日從九品秦光槐妻馮氏年九十歲五世同
堂親見七代巡撫劉彬士題旌○谿上遺聞錄欽旌五世
同堂蓋始於乾隆季年是時

高宗純皇帝聖壽八旬疊禧之慶昌衍五世爰是推恩宇内凡人
民有五世同堂者准地方官具文申報督撫詳部題奏奉
旨給緞疋銀一十兩以昭榮寵其有親見七代更給予七葉
衍祥匾額字樣吾邑之得邀斯典者始於蔡兆魏配馮氏其
後先太孺人及南鄉徐張氏亦俱照例請旌至邑東徐元彪
五世同堂建坊則由學政准行事在乾隆四十四年其時
恩例疑猶
未闢也

十一年饑

十二年饑斗米五百錢

十三年大饑道殣相望城廂設局捐賑民多疫死○尹元煒
詩捐賑緣何迫頻年苦旱乾誅求中戶困饜飫惰民懽科斂
憑鄉長威風仗縣官只輸錢買笑強項少人彈○捐賑○隔
夜鳴鉦急驚傳貌閲嚴推排搜委巷檢覈徧窮備虛籍何人
質強丁幾倍兼訟停無告者仍恐突難黔○查賑○五日期
剛屈紛紜老稚奔廠分兩地設票聚萬人喧骨瘦來疑鬼頭
排進若罷攜囊兼負橐活汝是誰恩○給賑○空倉鳥雀啅
里老坐生愁欲假旬時展難爲斗石誅青幽處有望社貼竟
須句居指從頭算何當甲子週○停賑○放糶何人意招搖
早滿城米愁抄水和價共市廛盈掠得他人惠專求此日名
紛紛說平糶平糶幾曾平○平糶○施粥恩尤溥人來遺近

均飲原同鼠腹集已似魚鱗婦孺塡衢滿巵
嬴臥路呻君看道殣者欑槥滿城闉○施粥

十四年饑復設局捐賑○呂佺孫撰馮雲濠行狀壬辰癸巳
甲午頻年歉收邑中多鬻棄兒女雲
濠編造戶冊每歲捐
賑給米至三千餘石

十五年正月監生尹秉寬妻周氏年九十六歲五世同堂親

見七代巡撫烏爾恭額題旌○尹元煒老母以五世同堂親
見七代　欽旌奉　自頌
賜七葉衍祥匾額織疋銀兩感　恩恭紀成詩晴雲五色
講龍縿　綸綍光昭日月函臣室自慚莪水養　天書
忽詡鳳凰銜文綾　賜出奇花織錦勝懸來寶字嶔如此
寵榮何以報子孫百世拜　恩威壽域宏開徧八荒
璇宮　文母頌無疆果然化宇皆　皇澤更使蓮廬被
寵光七葉曾元春正乘百年歲月慶方長祇嗟椿影先
時萎不逮　竹南年譜○鶴皋襆
天恩雨露瀼　記自三月後即無大

四月大旱至八月無雨

雨田僅種十之二三河水皆涸七月大潮溢入內河田可行
舟○尹元煒乙未斷屠蘇東鐵軾詩今年旱虐胡大酷不雨
三春盡三伏林間秋意已蕭蕭天外驕陽仍熇熇縣官禱龍
龍不應只有斷屠令嚴齋先生閉戶愁無聊日啖黃齋共白
粥豈惟餐豢缺梓羞饌少魚鰕入市價生平本不厭藜藿此
日還應餐杞菊圮南先生腹便便自誇學盡花豬肉爾來料

檢食草空亦恐森森瘦似竹君不見海潮沒禾禾盡槁四野農人同一哭吾儕口食豈足計故應負此將軍廪清齋縱此太常周致雨選慰博士東

十七年夏旱秋七月大風雨江河水溢

十九年春大雪平地五尺夏雨豆秋雨紅雨

二十年有大星隕城中東街大如斗赤如火光燄蓬勃久之乃滅遺聞刪錄

二十一年十一月初一日大雪閏六日止平地積五六尺

二十二年春旱聽秋吟館集○葉元垚苦旱經自湖作詩寸蹄頻觸熱際暖湖上行淺渚沙石交何意使澄清幽棲寓夕羈馳景在遺明中流殆將涸藻荇徒紛橫遊鱗苦偪促孤鶩兀呼嗟顧影爲徐步稍見東皋耕豆畦殘紫花菜膝苦黃英接目春夏間佇待膏澤傾藝植術靡自輸將方力徵片雲欲出山過風挾之停隱然霖雨意散入百物情其傍一泓水短荻願青青涼氣偶焉集草蛙時有聲重陰阻東南湖山俱向暝歸路仰蒼蒼月黑仍繁星

二十三年四月縣南雙頂山農民沈庭槐夜飼豬闌柵旁有

獨沸聲視之血也晨集鄰視之方詫異間復有血自蟻穴間出濺衣履色赤浣之無血漬斑一陽軒筆記五月旱閏七月初八日海獻八月初八日大風雨平地水高六七尺遺聞別錄閏七月初八夜海獻大風鼓屋折木次日更甚平地水高五六尺費家橋石牌坊及城內外石牌坊半皆摧圮頹墳多被沖壞棺柩漂流是夜大雷雨如注次日始息八月初五日颶風猛雨復大作較前尤甚初八日平地水高六七尺太白山麓崩至初九日雨止十七日水始退

二十四年徐佐清妻張氏年九十三歲五世同堂親見七代

巡撫梁寶常題旌

二十六年六月訛言紙人爲妖六月丙寅地震有聲○遺聞別錄丙午邑中忽有妖其始有遺棄餅餌以給小兒者有棄擲果餌於路誘人食而立斃者其後乃更有暮夜驚怪或聞或見諸多名狀鄉人有以銃擊獲紙人者有巨人長丈餘者有若大豕負昏伏人家屋脊而作聲者有如鵰鶚之攫人者有夫婦同睡忽曳之地或魘魅不醒者其來也嘗從瓦上民間夜聞瓦聲飄羣驚起鉦鼓銃礮喊噪之聲徹夜不絕各家內外門

上俱貼龍藤龍鱗四字誦天蓬呪易經正文每部價至錢千餘文如此兩月餘至七月初始絶又六月十三日寅刻有大聲如排山倒海拉獵雷礮棟宇皆搖是時人多未起覺狀如舟在還中掀簸不已時方有怪異人皆以爲怪銃礮鉦鼓吶喊滿城閧然而不知其爲地震聞東南各省同時皆震此亦非常之變也

二十七年春旱自正月至四月不雨六月十三日庚申寅初地震冬十月初五辛亥夜半復震門鐶有聲

二十八年正月丙戌大雷雨丁亥大風己丑大雪

二十九年夏四月北鄉大水禾苗初插漂沒殆盡

三十年八月十六夕大雨甲戌平地水漲三尺

咸豐元年觀海衛民葉鴻德年百二歲巡撫常大淳賜扁曰昇平人瑞

二年旱饑城中設兩廠賑濟按口給米三合十月初六日癸未夜地震

三年三月初七日辛亥地震八月初九辛巳初十壬午連震十五日己未又震是歲復饑

四年十一月初五日河水驟騰三四尺

五年正月二十七日辛卯地震二十八日壬辰又震二月初八辛丑復震七月霖雨十月十七辛丑夜半又震

六年正月大雪七月蝗五磊山鳴

七年正月癸亥夜半天明如晝山雉皆鳴繫年錄夏邁學萌生食禾黍

九年鹽運司知事秦豐岐年八十一五世同堂巡撫羅遲殿題旌

十年三月二十八夜龍颶大作雨傾雷擊自黃墓渡至夾田橋縱橫二十餘里毁壞廬舍橋樑折斷旗桿無算江中行舟

有被攝去不知所在者閏三月立夏後大雪是夏旱七月北鄉蝗有鸑見於赭山江濱○董葆琛不窺園隨筆有友人自甬江放舟至慈谿過赭山見江濱立鳥大逾於鶴羽白如霜喙紅盈尺離舟僅二丈許屹立不動榜人以篙擊之始翽去不知何鳥也予謂當是鸑崇正中京師有賣巨鳥者重四十觔毛純白距喙純赤吾邑應喜臣見之曰此鸑也所見之國亡今鸑見於江上禍不遠矣次年辛酉果遭粵匪之難甬邑五屬盡陷

十一年監生淩棟妻徐氏年八十一五世同堂親見七代巡撫王有齡題旌十月壬午粵寇陷縣城十二月二十六日至三十日連日大雪平地積四五尺山林深僻處至八九尺避難入山者多凍餓死

同治二年六月旱

三年旱秋冬復旱五月不雨十一月雨豆

四年北郊蓼蓼庵紫牡丹一樹花百餘朵有一花作黃金色

是科鄉舉十九人

五年四月二十四日庚子地震

六年春北郊里社鳴是年鄉舉二十人夏旱冬十二月二十二日辛丑夜地震越日壬寅復震

七年七月西南鄉產嘉禾一本三穗○賀瑗嘉禾獻瑞啟同治七年太歲在著雍執徐且月先立秋六日浙東慈谿縣西南各鄉農人以一本三穗之禾來獻謂自我公尹茲四年政通人和爰有嘉禾用敢獻瑞小臣賀瑗拜手稽首謝曰竊惟

皇太后

皇上治化翔洽

皇穹降康雨暘時若用彰厥瑞予小臣亦惟從各大憲之後奉令承教慰爾黎庶期無隕越於下曷敢自以爲功粤稽在昔周之唐叔得禾異畝同穎周公爲作嘉禾時惟成王幼沖邑姜猶壽而康也迨夫趙宋元祐二年丁卯定襄守臣獻禾厥本惟三厥穎惟五厥穗惟一時則高太后垂簾哲宗亦在沖歲也洪惟

上天眷顧每於

聖母輔翼

聖主龍興之日和玉燭頒金穰粒蒸民恢鴻業今茲嘉禾獻瑞適

當其時則惟我

皇太后

皇上之福德所致修文偃武嘉祥畢臻以與爾農人慶屢豐穀萬邦耳歟繪爲圖俟搢紳先生鴻華麗藻導揚庥美焉

十年七月夏旱蟲食禾

十一年袁秉乾年百歲其弟應華是年亦九十三歲夏大旱

八月十九日地震

十二年夏旱五月十七日午時西南鄉沆村有聲如吹蘆管而洪大歇而復作者四是日村人禱雨於烏石潭皆謂龍吟或疑爲里社鳴自五月至七月不雨八月十七十八夜自新渡至太平橋潮頭高起三四尺許澎湃有聲

十三年三月二十日壬戌地震八月九月疫

光緒元年北鄉蝗不爲災十二月大寒雨雪連旬河流盡膠

二年正月十五夜五磊山鳴三月訛言紙人爲妖截人辮髮

三年六月十六夜伏龍山見雪

四年七月初五日雷擊教諭講堂右柱冬牛大疫死者十之八九

五年三月十三丁巳夜地震六七月旱

六年七月有大星隕於邑之東南天明若曉

七年四月立夏縣庫火閏七月初四日颶風大作拔木害稼民廬多圮濱海木棉摧折過半國學生樂書妻金氏年八十五世同堂學政張澐卿給扁曰慶篤蘐幃

八年七月十六夜太平橋潮頭高數尺十月二十九日亥時地震十一月初五日亥時又震

九年夏疫秋七月己卯朔颶風大作庚辰辛巳北鄉濱海等處海溢鹹潮衝至利濟塘下自東至西七八十里廬舍俱被

淹沒木棉遭鹹潮立枯越二十日己亥庚子風雨復大作潮至如前前之木棉僅存者至是顆粒無收城廂廬舍牆壁頹多坍塌知府宗源瀚知縣鄒文沅按查濱海極貧者一萬七千餘口計日賑給冬十一月沿海塗地產海粟數萬石貧民競取爲食味如蕎麥方正學集云即蕭草可煮以食

十二年十二月初八日北鄉范大忠妻阮氏年八十五歲內閣中書陳景㷆呈請賜五世同堂七葉衍祥匾額

十三年秋七月大疫

十四年秋八月大雨蛟出地裂山崩平地水驟高數尺大隱犠林支溪與山鄉一帶民房橋梁漂沒無算人民有溺死者

十五年自八月至十月霪雨大水田禾淹腐饑減糧三分於次年糧內除徵

十六年夏六月大水

十八年冬大寒大江皆冰舟行不通

十九年沈宗舜繼妻虞氏年百有四歲刑部主事劉一桂呈

請旌其門曰貞壽之門

【光緒】餘姚縣志

（清）佚名纂

稿本

癸巳

秦

二申野錄　仁和孫之騄輯

正統丁卯八月餘姚蝗

景泰丙子四月餘姚旱　天順景泰丁丑六月會稽餘姚新昌旱

天順辛巳二月餘姚新城大旱　天順甲申七月餘姚海溢

成化元年乙酉七月浙江郡邑大水　成化辛卯九月大風潮衝決錢塘江岸洪水

沸盈自近江以至山陰會稽蕭山上虞介浦瀝海錢清諸處民田廬皆為

淹沒餘姚溺死男女七百餘人　成化丙申秋七月諸暨餘姚大雨水害稼　成化

壬寅三月餘姚水癸卯七月餘姚連年水　宏治元年戊申七月二十三日大風雨海

溢山陰會稽蕭山餘姚上虞諸暨大水入城街市行舟民溺死者數萬

宏治中癸月餘姚大水乙亥餘姚地震　宏治甲寅秋七月會稽餘姚海溢若

癸巳

十月至十二月餘姚不雨 乙卯春正月至三月餘姚無雨 宏治丁巳秋七月餘姚大有年

己未春餘姚不雨 十二月餘姚大雪 姚江凍合 庚申餘姚三月不雨至五月始

雨 四月餘姚江南火焚民居三千餘家 暘西有八人大渡江柱雪竹山民居文言

餘家 宏治辛酉春餘姚饑 壬戌春餘姚無麥 宏治乙丑[illegible]九月庚子

恒星晝見 是日杭州台州山陰會稽蕭山餘姚金華各村[illegible]時地震有

聲 正德辛未八月潮入餘姚沿城 戊寅秋七月餘姚海溢 嘉靖甲

申八月餘姚旱蝗 嘉靖庚子五月會稽諸暨之新界餘姚蝗 秋七月

餘姚大水 丁未三月餘姚陳家一鵝生三掌 己酉正月朔餘姚

雨血于梅川徐珮家庭中盡赤 天啓丁卯餘姚大水 崇禎戊

戊辰七月二十三日大風雨海溢山陰會稽蕭山餘姚上虞瀕海大水衝城街市行舟溺死者數萬餘 崇禎甲戌八月餘姚大水 乙亥正月餘姚地震

崇禎庚辰三月餘姚文廟鬼柏樹見崔鴝 崔鴝以丹霞青者為白其丹霞黃者為時鴝 辛巳紹興連歲旱民苦饑張墅上虞餘姚蝗遍野邑人錢世貴率民以瓶照火蝗赴水死者十之三

災異

【光緒】餘姚縣志

（清）周炳麟修　（清）邵友濂、孫德祖纂

清光緒二十五年（1899）刻本

祥異

晉

太康四年彭蜞及蟹皆化爲鼠甚衆大食稻晉書五行志

建興元年冬十一月戊午己巳庚午大雨雷電民多震死晉書五行志

大興四年秋七月大雨饑乾隆府志

咸和九年春三月丁酉地震晉書五行志

咸康元年至三年旱餘姚特甚米斗直五百人有相鬻者晉書五行志

唐

開元十七年八月大水

大歷二年水災

元和元年大疫十二年水災

太和三年大風海溢四年五年大水害稼

開成四年旱

咸通中康熙志作十一年有異鳥極大四目三足鳴山林其聲曰羅平占曰國有兵人相食案通鑑咸通元年剡賊裘甫攻[illegible]年羅平羽蟲之孽當因是興[illegible]

天祐元年大雪以上唐書五行志

宋

天禧元年蝗

明道二年八月大水漂没民舍七年七月餘姚大風雨海

溢溺民害稼大饑

景祐四年八月大水

嘉祐六年七月淫雨爲災

熙寧八年旱

元祐八年海風駕潮害民田

元符二年十月朔江河水溢高丈餘有聲數日乃止

宣和六年水災以上宋史五行志

建炎三年五月蝗暴至害稼六月縣治雨血沾衣康熙志

紹興元年大饑疫二年薦饑五年旱六年饑九年十年薦

饑斗米千錢人食草木十八年八月大水害稼十九年大

饑二十四年旱二十七年大水二十八年大風水二十九

年螟薦饑三十年秋旱宋史五行志
隆興元年八月大風水饑宋史五行志
乾道元年正月至四月淫雨又大疫乾隆府志寒敗首種損蠶
麥大饑三年淫雨康熙志九月海溢七年大旱八年五月大
風雨漂民居稼盡敗九年旱乾隆府志
淳熙元年大旱三年八月淫雨四年九月丁酉戊戌大風
雨駕海濤敗海隄二千五百六十餘丈溺死四十餘人七
年旱饑八年五月大水漂浸民居田稼盡腐大饑九年又
饑宋史五行志十四年旱康熙志
紹熙四年四月霖雨至於五月乾隆府志壞圩田害蠶麥蔬稑
大饑康熙志五年七月大風駕海濤壞隄傷田稼宋史五行志

慶元元年無麥康熙志二年大水四年六月霖雨至於八月宋史五行志

嘉泰二年蝗康熙志四年旱宋史五行志

開禧元年旱宋史五行志

嘉定二年夏大水壞田廬害稼穡三年螟康熙志六年十二月風潮壞海隄亙八鄉九年大水十五年七月霖雨爲災宋史五行志

寶慶二年大風海溢溺居民百十家乾隆府志

嘉熙四年旱饑宋史五行志

湻祐二年大水宋史五行志三年八月蝗康熙志

景定二年水宋史五行志

咸淳七年五月大風壞民居宋史五行志八年八月大水乾隆府志

十年四月大風拔木宋史五行志

元

大德五年海溢六年五月不雨至於六月乾隆府志七年海溢

十一年大旱饑疫康熙志

至大三年三月大雨水害稼乾隆府志

至元二年文廟火四年六月海溢乾隆府志

至正十二年旱自四月不雨至七月元史五行志十九年二十

年二十三年俱夏旱乾隆府志

明

正統七年秋海溢十二年蝗乾隆府志八月海鰌暴於塗長千

丈封其肉餘萬斤潮至復去康熙志

景泰五年大雪自十二月至六年二月乃霽乾隆府志七年夏旱饑康熙志

天順元年大旱饑二年三年旱薦饑五年夏旱蝗八年七月海溢康熙志

成化七年九月海溢溺男女七百餘口大饑種稑幾絶康熙志九年水溢壞田廬十二年大雨害稼水陷没石堰場鹽數十萬引乾隆府志案康熙志稱天順九年雙雁鄉洪水壞田廬八月海溢十二年七月大雨水害稼没石堰場鹽數十萬引考天順僅八年不得有九年十二年必成化間事傳寫者誤移於彼耳今據乾隆府志正之十七年十八年十九年皆大水饑二十三年秋大旱饑人化爲虎康熙志原注七修類稿云成化間餘姚通德里有王三者每夜出曉還其子迹之已變爲虎

而足尚未全自後遂不復還

弘治元年大饑二年四年又饑七年海溢十月至十二月不雨八年正月至三月不雨十一年境內水湧高三四尺猝平災饑十二年春不雨冬大寒姚江冰合十三年三月不雨至五月晦乃雨江南災焚民居三千餘家傷百有八人火渡江焚靈緒山民居二百餘家乾隆府志十四年秋旱蝗大饑十五年無麥七月大雷電海溢十六年九月地震雉雉皆鳴呴有妖民驚眾晝夜禦之踰月乃息康熙志

正德元年夏旱饑三年夏旱大饑四年七月大水十一月大冰害豆麥橘柚五年大水饑六年八月虎入治城巡檢高寀射殺之七年七月大水海溢山崩隄決漂沒廬舍人

畜夜燐火被海有兵甲聲大饑十年春雨雹傷麥殺禽鳥夏上林鄉地出血冬大水無麥大饑斗米直銀一錢三分十二年四月地震螟害麥十二月至閏十二月大雪十三年秋海溢十四年夏旱饑秋海溢訛言雞毈盡殺之十五年夏大旱饑康熙志

嘉靖元年夏龍見於附子湖壞舍拔木秋龍見於孝義鄉二年夏旱饑三年螟大饑四年夏旱疫六年春夏大水無麥苗大饑八年螟害麥蝗害稼十年八月大水十二年十三年薦饑案乾隆府志云斗米銀一錢十八年旱十九年夏蝗穰之郎散秋大水二十三年旱二十四年大旱斗米直銀二錢二十五年海溢二十六年陳氏鵝生三掌原注留青日札二十八年

雨血於梅川徐琡家庭中盡赤二十九年疫三十一年旱李樹生瓜三十七年訛言有妖徹夜擊之月餘乃息三十八年三十九年旱四十年秋澇四十三年夏大旱康熙志

隆慶三年颶風海嘯漂沒人畜無算康熙志

萬歷元年旱三年海嘯壞廬舍四年虎亂康熙志六年有鸜鵒數萬集於江橋邵晉涵姚江櫂歌自注是年冊立王皇后七年旱康熙志九年冬東門外居民蔣家樓下地出血流滿室中上濺樓板乾隆府志十年旱十四年地震十五年春有虎從水門入城秋淫雨冬大風折木十六年春大饑雙雁民殺子而食夏旱十七年大旱七月地震十八年十九年薦饑二十一年旱二十三年春雪彌月不霽二十六年旱二十九年訛言倭至

冬多虎 康熙志 三十年東山鄉杜氏子年百三十八歲 謝起龍東山志原注朱璧灘士名杜灘萬歷壬寅有杜氏子年百三十八歲御史聞之召至邑城動履健捷齒髮無恙與之語多弘正間事後復十餘年始卒

天啟七年七月大水 康熙志

崇禎元年七月二十三日海溢漂沒廬舍人畜無算七年八月大水八年地震十三年文廟柏樹見雀錫十四年正月雨雪不止六月蝗大饑十七年旱 康熙志

國朝

順治三年餘姚內附城隍廟火 康熙志 甘露降於松 皇朝文獻通考

四年甘露降化安山松樹五年四月雨雹十一年十二月大寒江水皆冰十五年七月大風十八年大旱饑 康熙志

康熙二年六月大風潮三年八月大水四年五年螟蔦饑
七年六月地震生白毛九年六月大風害稼 康熙志 二十六
年南山患虎 黃百家學箕初稿 二十八年北鄉胡氏牛產麒麟 康熙
志 乾隆志引居易錄云烏山胡氏有牛產一麟狽項馬足鱗身牛尾偏體肉鱗金紫相錯 三十九年
七月八月大風雨山出蛟崩決湧紅水者千計平地水高
丈餘漂溺民居無算禾稼無子粒大饑冬大寒江水皆凍
康熙志　乾隆志引居易錄云餘姚大水蛟蜃出者以千計縣西三十里有宋元符古屋一所當時之人刻水痕於
廳柱留示子孫是年水較舊痕增二尺五寸　乾隆府志引俞志云是年諸餘上三縣皆被水災而餘姚尤甚千山
盡裂湧水流沙田禾淹沒滷垣沖倒平地水深丈餘屍棺飄泊田間知府李鐸以聞蒙　皇恩蠲免本年地丁銀三
萬三十二兩四錢三分給發歷年捐贖積穀三千四百九十二石零振給災黎李鐸自鬻衣珥首倡捐募泣請總
督巡撫藩司并合屬官紳士庶得米二萬七千餘石棉衣三千餘件覩臨振濟鄰鄉餔攘無不身到又見沿途飄流

屍棺甚多藩司馬公如龍捐俸二十兩李鐸捐米一百四十餘石郎令各鄉壯年饑民每名日給工米三升益力掩埋共收埋無主屍棺七百八十九口買棺殮埋暴露屍骸三十八口是以雖災不害　乾隆志云總督與捐米二百五十石巡撫張捐米二百五十石布政司馬捐米三千石鹽法道任捐米六百五十石本府李捐米一萬二千石本縣康捐米三百石訓導方捐米十石蔣錫祉捐米一千石徐之煌捐米五百石徐世供捐米四百石蔣珍捐米四百石景王祐捐米四百石高選之捐米四百石高齊陽捐米四百石徐景濟捐米三百石謝楚玉捐米二百五十石閩人其昌捐米二百石閩人鎮捐米二百石蔣芳捐米二百石閩人伊捐米二百石謝理捐米一百八十石陳益生捐米一百五十石陸時成捐米一百十石施進捐米一百石楊圭韋捐米一百石宋子範捐米一百石醫五聚捐米一百石姜芳俟捐米一百石徐屬捐米一百石張本信捐米一百石百石以下不偏載

三十年有年康熙志

三十二年九月大水朱交客天尺樓詩集

三十四年元日竹浦潮落過半怨驟長數尺排空逆溯而上逾時甫消又黃箭山山鳴聲如洪鐘聞徹遠邇黃千人希希集

三十八年四明山產石

芝員旱秋久雨敗稼天尺樓詩集四十一年南山患虎學箕初稿

雍正元年夏六月餘姚海濱捕魚人午後見波浪間浮金冠數十漸至海岸灘口逐潮上下漁人駕舟撈取不能得

一是年秋七月海嘯颶風作潮壞隄漂廬舍萬家人民俱淹乾隆府志

乾隆二年七月海溢漂沒廬舍溺死二千餘人奉
恩旨振恤十一年鳳亭雙雁等鄉有虎患次年乃止乾隆志

乾隆九年海嘯害棉花奉
恩旨振恤十六年大饑奉
恩旨振恤各紳士捐米有差其姓名因案佚不載十九年七月大水乾隆志二十四年耆民岑及先年一百二歲申請
旌表乾隆府志二十六年十二月大寒江水皆冰三十五年七月大風潮乾隆志

四十一年汝仇湖北隄自石礎堰至臨山城東門外里許

且雨小麥黃豆徧地人拾歸可食片時無數乾隆府志四十二年大有年乾隆志四十五年五車堰村沈氏搆新井掘土九仞土中得古大桅一鐵貓一尚未糜壞地距海五十里五十三年冬十一月日午姚北海煙波上浮疊樓臺赭色兩日不散自道塘鋪至黃家埠二十里長對下有樹木臺榭城堞牛馬奔走康衢人物衣冠萬國來朝狀百姓聚觀以爲國家平治休祥所致五十五年耆民馬占友年九十一歲五代一堂夫婦齊眉申請旌表乾隆府志五十九年秋荒景雲雪寶集

嘉慶二十五年旱鹹潮達通明堰七月二十三日大風雨新嵊蛟發上虞梁湖後郭隄決水及邑境晚禾盡沒葉維庸姚

江小志

道光元年大疫雞翅生爪三年海溢歲饑捐振五年七月十日大風壞廬舍拔木損禾棉七年七月二十四日大風海溢八年四月潮一日三至九年棉熟禾稼歉收十年彗星見西方十一年夏淫雨害稼秋大水十二年歲歉米價騰貴十三年大饑米盡民食草根樹皮十四年秋海潮入利濟塘閭境受災（姚江小志原注十三年十四年疊報凶荒奉憲捐富戶振饑董其事者翁忠錫洪葆南葉樊皆自備資斧常相戒日減用幾錢多活幾命）十五年夏旱（朱文治繞竹山房詩集）十六年大疫十八年有年（姚江小志）彗星見東北二十年道路臺麥秀兩歧十一月大雪厚三尺餘市中鮭菜薪櫝皆絕（沈貞半讀書屋筆談）二十一年冬大雪二十三年六月朔日食既白

晝如夜七月大水害晚禾姚江小志二十四年夏大旱牛讀書屋筆談
二十六年六月訛言紙人祟人空中能作人語七月三十
日夜半地大震紙人之謠乃息二十七年秋旱二十九年
三月十日虞官街災姚江小志芒種後大雨積旬川澤皆滿平
地水高三尺饑民汎舟乞食往來如織牛讀書屋筆談原注時占城稻木
棉皆槁邑城以北赤地百里老農有識
者教民購小米番薯種之民無道殣三十年八月新嵊
發蛟決上虞後郭隄縣境被水姚江小志
咸豐元年禾棉皆熟二年大有年姚江小志十一月初六日夜
地震三年三月初十日夜半地復震四年六月界堰路嘉
禾雙穗十一月初五日巳刻天見青氣如匹帛十二月雨
豆於雙河上林湖大如豌豆芳甘可食五年正月二十八

日夜大雨雪霰雷夏孛星見於翼牛讀書屋筆談六年八月蝗八年夏淫雨損禾九年夏孛星見於西方歲大稔十一年冬十二月大雪平地積四五尺姚江小志

同治二年大有年六年十一月十三日虞宦街災九年九月三十日雨雹損禾十二年夏秋旱十三年秋冬旱

光緒三年正月六日南城直街災五月二十三日大風拔木六年舜江樓災七年孛星昏見一月乃止八年孛星復見九年秋七月海再溢大風雨雙雁出蛟設籌振局振餘闔邑籌集洋銀二萬九千五百餘圓邑人邵友濂時爲蘇松太兵備道捐廉銀二千圓勸上海協振銀八千圓助振十年秋八月大水十一年十二年歲稔十四年八月二十三日東北鄉流洪禾棉皆損十五年七月二十七日蛟水

暴發衝決隄塘壞廬舍無算八月至十月淫雨四十七日晚禾木棉歉收饑民四起案是時西鄉受害最甚北鄉次之東南兩鄉又次之是年冬及次年春次第籌振奉旨振恤十六年奉恩旨蠲免十五年分地漕銀十分中之一分八釐三毫三絲並奉到內帑銀八百兩核實散施而自十五年十月至次年四月官紳合謀散振圖振次第舉行兼用以工代振之法於是施粥當牛查極貧戶口給錢以及開掘引水自道塘全竈西至上虞界凡三十一道並開掘小里堰下河道修理各處壩閘橋梁共用洋銀六千六百五十圓錢一萬七千一百餘緡又平糶購米九千一百五十三石零耗費洋銀七千六百八十餘圓以上用款皆出於上海協振公所義振及省撥官撥委員到地散放其各鄉圖振則給米給穀給錢立法不一紳富共出錢二萬四千八百二十餘緡洋銀一千七百十餘圓統計冬春兩振一共用錢四萬一千九百三十餘緡洋銀一萬六千四十餘圓

十六年三月二十六日南城直街災自北固門而南築公牆三道知縣忠滿南城公牆記光緒紀元之十有六年歲在庚寅三月余攝餘姚縣事甫三日而南城火南城列肆數百市宅櫛比蓋邑之繁盛

處也余急馳往營救力竭不得解自念無狀手冠服投火中於是始熄毀者且數百間既謀所以防之者言人人殊余以爲水患宜於導火患宜於堵乃議創建公牆三道衆口僉同遂捐錢二百千爲之倡罰肇火者錢亦如之不足則貸之邑人而令屋之主人與租其屋者於兩年內各出兩月之屋租償爲計共集貲二千餘緡數日而公牆成夫州縣爲親民之官若其視民事如秦人視越人之肥瘠漠焉不加喜戚於其心惡覩所謂親也今余適承其乏不敢存五日京兆之見苟利於民期於必爲其亦盡余之惓惓云爾是役也董其事者邑紳張君承績黃君濤渠朱君中樹監工朱肇基施鏞臣朱立基例得備書

十八年十一月至十二月大寒多雪江水皆冰十九年八月游源出蟹十月十八日南城公牆

外災添築公牆二道

知縣周炳麟增築南城公牆記癸巳之冬十月既望餘姚南城火自義井巷越西北至縣衙迤南幾至寺衙延燒市廛百餘間竭蹶營救火乃得熄初滿洲忠君攝篆時南城火尤甚忠君首先創捐會同邑紳築公牆三道以堵之至是纔逮三稘而自際縣衙以北卒賴公牆力獲免救火者亦得專力於南無北顧憂越日張君承績黃君濤渠來爲余言公牆之善二君以明效易見而慮集資成事之難余曰備豫不虞

古之善教隨而增之余之責也亦君等所不容辭也乃議增築兩道捐錢三百千授之二君俾董其事是役也集貲之法悉照前忠君議而免首火之科罰得殷紳之慨助凡度基購地勼工庀材一閱月而事竣共用錢二千二百餘緡樂觀厥成爰紀其畧

安培無恙偕壽貞撰

餘姚縣志卷七祥異終

光緒重修

（清）謝葆灊纂修

【光緒】餘姚鄉土地理歷史合編

清光緒三十二年（1906）石印本

雜識上

宋徽宗時越帥劉述古率官軍百許人敗方臘從賊數千於南門橋（在縣南四里今稱戰場橋）

宋高宗避金寇自越州（今紹興府）至明州（今寧波府）過姚（建炎三年十一月）返（四年四月）

再過也
元至正時。以方國珍爲江浙行省平章政事。國珍巡行至姚。瞻視形勢。謂是州控扼吴越。宜宿重兵。乃修築城垣。十九年事繕兵屯鎮。由由巨盜强鄰不敢犯。
明嘉靖三十一年以後。邑境迭被倭患。歷六年始息。三十四年。鄉薦紳恐倭至。毁黄山候青二橋。後三日。倭果至。潮漲不能渡。江以南鄉兵遥爲聲擊。倭不敢逼。列兵江滸。遂募獵夫善射者。踞城樓從埤堄音婢詣城上垣。發弩射中一人。倭輿尸去。三十五年。倭掠雲樓。執諸生王某爲導。夜至西門。黎明。門啟。將入。某大呼寇至。急閉門拒之倭引去。某亦得脱。

道光十九年。英吉利以十三行（在廣東）鴉片喪貲興變。夏六月。有洋船入勝山港。閣礁陷潬。邑人集丁壯奮往截拏。獲其酋長二十五人。獻俘於甯郡總督行轅。後總督裕謙以時方議和。還所俘。二十一年。再犯定海。三總兵（王剛節錫朋。鄭忠節國鴻。葛壯節雲飛）死節。遂據甯郡城。九月入姚江。旋退出境。（辰時進。申時退）十一月十二日。再入姚江。居二日。登玉皇山。攜寶鐘一具去。（是時諸莠民乘勢劫掠。二十三年與英平。始解散）

咸豐八年六月。旱禾歉收。鄉民抗租滋事。敢立十八局。毁虐夙有讎恨之户。十二月。竄入城。劫獄脱犯。旋退。復入。副郎謝敬以黄頭勇擊破之。十一年五月，局匪頭目黃春生勾引諸暨何文慶匪徒屯踞梁衙，敬與戰，禽春生戮之。是年十月（二十二日），粵匪陷縣城（後一日），上虞四明吳義士方林游源感義士書耀先，後與義勇剿賊，不克，死。張觀察景渠及敬添募勁旅於滬。明年（同治元年）七月（初六日），與英法二國兵合力收復。賊又率大股來攻，不能拔，遂分擾各鄉。敬於是屯兵第四門堵剿（為縣城犄角，九月遇害）。張觀察云：賊所以敵臨張者，恃有嵎可負也。巢穴若傾，餘氛自熄，因定進搗上虞之計。十月，復虞城，賊渡曹娥江遁去。

元泰定甲子冬、多虎患。通德鄉姚氏女。方執爨。而母出汲。俄聞覆水聲。亟出視。則虎銜母去。女追掣其尾。握拳毆虎。虎驚。舍其母。母傷而未絕。藥之。愈。

明正統時。十二年八月海鰌暴曝也露於塗。長千丈。刲音奎割也其肉。餘千斤。潮至。復去。萬曆時。六年有喜鵲集於江橋。數萬。

乾隆四十一年。臨山東門外里許。雨小麥黃豆。徧地。人拾歸可食。五十三年冬。北海煙波上。浮蜃樓。盡赭色。自道塘鋪至黃家埠二十里。長對下有樹木。臺榭城堞。牛馬奔走。康衢。人物衣冠。萬國來朝狀。兩日不散。

道光二十年。道路臺麥秀兩歧。咸豐四年界塘路嘉禾雙穗。

光緒十八年冬大寒多雪。江水皆冰。

江水日再潮。道光八年四月朔一日三至。康熙時（三十四年元日）竹浦潮落過半。忽驟長數尺。排空逆泝（同溯）而上。逾時始消。

石人洞在石人山。洞北向。昔有浮屠裹糧持炬而入。越信宿（再宿）邃（音椊。深遠也。）杳不可窮其底。聞艣聲而迴。

去年改良會成。曾購新出教科諸書分贈同志。惟地理歷史兩門必從鄉土入手。志書繁重。未易畢業。乃請於吾　師成此簡編。課餘匙暇。不及演以通俗文字。因酌加詮註。用便講解。急付石印。以應童蒙之求云爾。光緒丙午三月三日謝家山謹記

（清）高杲、沈煜纂

【道光】澔山志

清道光十一年（1831）木活字本

災異

史記秦始皇記災害絕息班固幽通賦彌五辟而成災災斯異矣凡志必列災異眉道人謂春秋書災不書祥志戒也滸山濱海一隅耳饑饉天災闔邑同之而水溢海嘯則海鄉所獨況明季國初頻遭兵寇今幸百七八十年不見寇盜先民之罹鞠凶亦罔聞知矣

唐太和二年大風海嘯

宋明道七年七月大風雨海溢溺民害稼大饑

元祐八年海風駕潮害民田

淳熙四年九月丁酉戊戌大風雨駕海濤敗海隄

二千五百六十餘丈溺死四千餘人

紹熙五年七月乙亥大風駕濤壞隄傷稼

嘉定六年十二月風潮壞隄亘八鄉

寶慶二年秋大風海溢溺居民百十家

元大德五年海溢

七年海溢

至元四年六月海溢

明正統七年秋海溢

八年七月秋海溢

九年八月海溢

成化七年九月海溢溺民居男女七百餘口

宏治七年九月海溢

十五年七月大雷電海溢

正德七年壬申七月十九日天將曙海溢决隄漂

沒廬舍人畜夜燐火被海有兵甲聲大饑

十三年秋海溢

十四年秋海溢訛言雞馱盡殺之

嘉靖元年夏龍見於附子湖壞舍拔木

二十五年海溢

二十四年倭自勝山港登陸約三千餘衆掠上林

及檮川所過雞犬無存戍登澥山舉烽火鄉人

爭奔入城五月二十四日攻所城軍民死守適

城陷把總劉朝恩等力戰始退詳具朝恩傳

隆慶三年颶風海嘯漂沒人畜無算

萬歷元年旱

三年海嘯壞廬舍
崇正元年七月二十三日海溢漂没廬舍人畜無
算
國朝順治七年王翊掠滸山越餘姚破新昌
十一年大兵屠滸山高翰記滸山前明屢遭倭患
先民之罹鞠凶不可勝數甲申之變邑人鄭遵
謙熊汝霖孫嘉績等創義西陵截江而守舉紳
士陳相才爲餘姚縣令已而王師渡江浙東
俱下新邑令趙守紀徵粮雲柯居民施朱馬陸

等姓抗違不遵自封投納於陳相才家由是騷動殺官駐鎮餘姚都司趙承基即提兵赴勦鄉民擁衆二千餘人拒之以白布纏頭在三山所城外西北二里許朱馬村格鬭半日官軍敗走合所人在城上眺望吶喊實未嘗與時大將軍金礪駐武林令下調寧郡兵屠之並屠三山所城道路諱傳聞皆膽裂兵下城中諸生潘時鎮率耆民執香跪迎頓顙泣訴具言無脅從狀督師乃下令姑開一面以施法外之仁兵從西門

入東門出日午會於眉山雲柯反側民斬戮無遺城中僅殺一男子一婦人此順治十一年事也時鎮字泰望之澄父

十五年七月大風

康熙二年六月大風潮

九年六月大風害稼

十三年山賊小王率衆攻潛山城城守田西坡禦於南門死之居民早自北門出賊燒廬舍而去

二十八年烏山胡氏牛產麒麟狼項馬足麕身牛

尾遍體肉鱗金紫相錯

二十九年八月大水蛟蜃出者以千計萬山盡裂湧水流沙田禾盡没屍棺漂泊田間平地水深丈餘黃梨洲先生有姚沈記里人陳元需次在家與邑侯康修菴議救水災書春正晤教契闊至今足音半載不到城市海濱疎野之狀取哂薦紳中久矣邇者狂雨傾注沉竈浸扉風鼓浪湧率漂入無何有之鄉傳聞有尸浮江上者婦女襁子塗足哭聲震野棉穀豆粟蕎麥等悉爲

波臣蕩盡貧民相聚愁苦曰我輩俱業農天忍奪之業矣將何爲旁有瞋目裂眦厲聲曰何不可爲寧令大戶獨生耶此雖一時憤激之談將來勢有必至卽如敝鎭滸山偷兒一夜三四驚米艘至謀肆掠之會老成呵禁乃止此風漸不可長也我父臺愷悌充積遇災而懼設法賑濟如富鄭公之在青州趙清獻之在會稽。周文襄之在蘇松。其良法美意必可復見於今者弟謭陋下儒未能仰窺碩畫竊不欲自同劉勝之寒蟬謹書管見三策諒採芻者之所勿擯也一曰勸輸以通有無夫勸輸之策老生常談何煩弟贅弟以爲今日慳風成習有司卽苦口婆心張示曲諭肯捐所有以應之者百無一二須明府親歷鄉鎮盛飾輿從冠蓋竟抵富民家投一刺謁之動以陰德恐以利害獎以扁額贈以詩扇門聯夫民卽頑鈍鄙嗇未有不愛體貌者堂堂百里侯至與小民分庭敘禮通欵曲彼必以爲榮出一言令輸助義無所辭矣屈體爲百姓請

命雖屈可也有僻壤不能遍歷者委學師縣佐爲之而最妙在諸公之率先捐俸此意諒不言而同然毋庸借箸者一曰行官糴以資轉運洪流漂漲野無青草官府之囷廩有限殷戶之勸借無多最善之策則有官糴一法官發庫銀若干轉糴各省外郡豐稔之處歸照來價平糶人不許過一石毋爲牙商揭販所欺此屠赤水遺法也近查温衢米價每石不過四五錢及今貿販則冬春之間不愁踴貴憑須申請院司各憲

酌議行之至麥秋而還帑官銀不虧暫那借以資民民饑獲濟倘所謂惠而不費者歟且賑濟之米每及下戸而中等顧惜頭面寧坐而待斃若官糴之法行則人人踴躍樂赴而無嗟來之耻矣此尤法外無窮之仁也一曰選鄉耆爲約長以廣化導以杜亂萌歲凶多盜中保甲以檢束之固也然姚俗之保甲長挨次輪值非有聲望爲里黨推重甚有慣充保甲長者皆貪昧無行檢之人平居習見某某不肖絶無一言訓誡

言亦不見重迨挾邪恣行猶隱忍不敢指斥報官往往豢成尾大之勢故昔之保甲爲實政今之保甲爲具文也莫若于毎都里愼選鄉約長正副各一不拘衿監士庶但取老成有才德者任之才以篤駁德以表率苟無德則借題武斷爲鄉人稂莠倘不論才而以土木爲長者又不可夫捧土揭木而與談救荒止亂之務不亦愚而可哂乎獨是執才德以相天下士亦鮮矣況于一鄉今僅取其大節不踰而又粗曉時事者

委之讀法勸相兼察奸宄邦君不時名詢本地方利弊間寵以酒食則必鼓舞感激而樂爲之用此陽以通保甲之窮而陰以寓團練之法也是策非有恢閎遠大之識非常可喜之論特循而爲之或少助萬一此外罰贖鍰以賑乏弛鹽禁以惠竈借積穀以周饑於民亦有利小補耳古人之救荒者有先策有先先策今洪流泛溢極矣幸及色未萊塗未莩盜未起而補苴區畫亦後中之先也元赤貧儒素乃切切爲他人憂

正如杜子美一歷茅屋不保而作歌云願得廣

廈千萬間大庇天下寒士俱歡顏不佞不揣亦

作如是想知爲流俗所嗤必不爲大君子所鄙

因水洸不能入郭面陳遣小紀綱編竹爲筏浮

險投遞幸辱覽焉元再頓

雍正二年七月十九日丑寅二時海溢漂沒廬舍

溺死二千餘人奉　恩旨賑恤

乾隆九年七月海嘯害棉花奉　恩旨賑恤

十六年旱大饑奉　恩旨賑恤

十九年七月大水

三十五年七月大風潮

四十六年六月十八日大風拔木壞廬舍並壞城

隍牌樓

五十九年七月七日大風拔木連旬雨木棉盡壞

沿塘設廠捐賑

嘉慶元年海溢利濟塘下木棉盡壞

十九年夏旱無禾捐賑

道光二年八月譁傳鷄怪盡殺之

三年七月初二日大風海溢壞隄初八日大雨水平地高數尺害禾稼木棉八月初四五日復大雨水海溢木棉盡壞歲饑捐賑

五年七月初十日大風拔木壞廬舍損木棉

七年七月二十四日大風海溢

歷觀前朝以迄於今海溢海嘯大約七月居多所謂秋汛也可異者明正德間馮副憲蘭海溢詩有壬申七月十九日將曙之句壬申爲正德七年今雍正二年海溢亦同是月日丑寅二時

亦將暏時也此足以覘造化盈虛消息之機矣

潜山志卷六終

（清）王瑞成、程雲驥修　（清）張濬等纂

【光緒】寧海縣志

清光緒二十八年（1902）刻本

雜志

古今紀事年表 寇變 祥瑞 災異

春秋紀寇變災異不紀祥瑞非不紀也不以爲瑞不紀也後人諱寇變災異多紀祥瑞非瑞而亦瑞也志例書禨祥災變以見休咎之有徵也今分志之曰寇變曰祥瑞曰災異易以表取便檢閱云爾

歷代	寇變	祥瑞	災異
唐			
肅宗寶應元年 壬寅	秋八月袁晁作亂陷浙東		

諸郡建元寶勝改爵國明年四月李光弼遣將擒晁晁弟英從五百騎遁入邑北子醬山紫溪洞部將洪經綸率孫功棐等追至盡殲之

懿宗咸通元年庚辰

春裘甫寇城令陳仲通被害詔以王式為浙東觀察使發諸道兵討之甫敗六月甲申自黃罕嶺[illegible]汪遁

又剗追擒之八月伏誅

通鑑大中十三年浙東賊裘甫攻陷象山咸通元年二月入奉化抵甯海殺其令而據之囚月辛亥浙東路軍破賊將孫馬騎於甯海義成將高羅銳將三百人益以台州士軍徑趨甯海攻賊巢穴庚申南路軍大破賊於海游鎮賊入南

溪洞戎辰官軍屯於洞打自是與賊十九戰賊連敗高羅銳克甯海裘南既失甯海乃率其徒屯南陳館下衆尚萬人辛未東路軍破賊將孫馬騎於上膠材戊寅大破裘甫於南陳館賊自黃罕嶺遁去庚子甫降八月逮至京師斬於東市

宋

太宗 淳化四年 癸巳		九頃塘民田粒粟雙米有司聞於朝
徽宗 政和五年 乙未		民間有旱禾一稃二米計三白進獻於朝
度宗 咸淳三年 丁卯		葉夢鼎入相

元

世祖 至元二十六年 己丑	春三月邑人楊鎮龍據二十五都聚衆十二萬僭國號大興年號安定陷象山	

成宗大德十一年丁未

分攻新昌、嵊縣、天台及東陽、義烏，浙東大震。諸王愛吉帶時謫婺州，與浙東宣慰使富弼討破之。東陽王道恩率兵擒僞丞相李森、平章李祥、參政李繼，賊平。同治志稿：鎮龍之變載世祖本紀，舊志謂在至正二十六年，誤。

歲大饑。明年，復無麥，民相

順帝至正二年壬午	八年戊子	十五年乙未	十六年丙申
	冬十一月方國珍作亂。	春方國珍陷台州。	方國珍陷甯海括民爲兵相傳方氏兵稍節故籍兵也同治志稿云合州外書謂武三年十六月詔鑄海
杭籍死浮溪蛟開石門淹斃男婦七十餘口郎今黃村潭陳姓祖宅是			

二十七年丁未

倭吳貞籍方國珍所部三府軍士及船戶凡十一萬餘人隸各衛為軍所謂方氏兵稍者疑此九月朱亮祖克台州方國璜走黃嚴十一月湯和克慶元方國珍遁入海追敗之盤嶼十二月丁未方國珍降本黃嚴志降表詹鼎草見藝文

明

太祖洪武二十一年戊辰

三十二年己卯

代宗景泰四年癸酉

六年乙亥

春二月倭寇境指揮陶鐸擊敗之同治志稱倭日本舊名惡其名自更號日本漢光武時通中國元朝貢不常元至大二年寇慶元路倭患自此始

倭寇健跳所

盧原質一甲三名及第

山路多虎令王士宏設穽捕之歲旱禱雨輒應民歌日打虎得虎祈雨得雨豈弟君子民之父母

大饑民多殍死

紀年	兵事	災異
孝宗宏治十六年癸亥	倭入水閘凌劫縣庫而走	
武宗正德三年戊辰		大旱民饑　地震二日
九年甲戌	漳人引倭入寇奉化典史陸方領兵追捕大捷	
世宗嘉靖十八年己亥	倭寇石所莊十日沿海居民皆逃避	
三十一年壬子	倭自二十七年連歲入寇薛墓西塾柘浦婁坑海游沙鑊東墺等處所過殘燬	
三十二年癸丑	秋七月倭圍城凡七日而	

年	紀事
三十三年甲寅	倭自黃巖犯邑境海道撽部長杜文明畢主簿統兵遮要遇寇於奉化楓嶺之襲猝不能支遂俱死焉
三十四年乙卯	倭自象山由陸道至西墊又有閩賊數百由台溫掠之境抵奉化之楓嶺與倭合帥胡宗憲統兵悉擒之
三十五年丙辰	夏四月倭由鄞之西鄉人

二十七年戊午

奉化寇甯海城焚掠一空官兵與賊臨海兩頭門把總范指揮死之

夏四月倭由象山東溪掠縣境

三十八年己未

春三月倭泉千餘犯象山海道譚綸督兵斬首百餘級賊遁至甯海綸會參將戚繼光追之復斬首七十餘級又有倭據南鄉石馬

四十年辛酉

林灘黔綸會參將牛天賜劉平之倭寇至縣境告急戚繼光旦至賊登桃渚新河圻頭等處僉事唐堯臣自[illegible][illegible]海門軍趨新河破之溫嶺賊聞繼光旦至悉遁去

穆宗隆慶二年戊辰

大風雨壞田地民居無算流屍徧野水落後鄉民羣收骸骼培土瘞之今溪南

			田間土阜相望
神宗萬曆十五年丁亥			大旱
十六年戊子			龍風漂屋舍塘圍盡沒
十七年己丑			大旱
十九年辛卯		秋八月縣治後圃靈芝生瑩白如玉能德孚有記五十都民吳希古獻麥一莖兩歧	
二十年壬辰			
莊烈帝崇禎九年丙子			大旱斗米錢五錢民饑死無算

國朝

世祖順治五年戊子

七年庚寅

八年辛卯

十二年乙未

十三年丙申

夏五月馬塽人俞抒素率衆頭裹白布稱白頭翁圍城防兵及民逐去之海寇據健跳所提督田雄攻破之

春二月海寇阮六夜入城

大旱斗米銀八錢、歲大歉石穀本色銀二兩五錢

劫掠六月復入城官兵破走之

十四年丁酉

秋八月叛將馬信引鄭成功破黃巖二十六日破郡城六邑皆陷

聖祖康熙元年壬寅

四年乙巳

自春入夏亢旱異常概爲焦土甯海奇荒尤甚浙撫朱昌祚疏請蠲恤見昌祚撫浙疏草秋七月大風雨偃禾拔木

五年丙午	六年丁未	十四年乙卯	十五年丙辰
		海艘數百突犯虹窰登陸結寨毀橋爲壍二旬去	夏六月海艘復至冬十一月又至掠居民悉將林葵百計圖禦始遁去
			城西庵僧以枯竹倒扦扶莿比春復生抽筍名瑞竹菴
明倫堂圯歲大歉題蠲本年正賦十分之一旱蝗題蠲正賦十分之一	夏六月地震西南尤甚		

十六年辛巳

自五月不雨至於七月邑令崔秉鏡防鎮林葵步禱龍湫雨立至禾稿頓蘇歲仍稔

二十年乙酉

秋八月海賊寇長亭千總阮玉粲之馬蹶被害台州距海六十里海上有陶寇蔡元亮嘯聚萬人踞洪壽中焚刼容舟無所怖會諸道合軍甯海往勦平

年	紀事	災異
五十二年 癸巳	容甚盛知府蔡秉公請先取估客舟載力士夷甲而往織以戳艦時五月五日元亮方張水嬉飲酒中流矢縛之盡禽餘賊以還見盛大謨撰墓志按秉公康熙四十八年任五十一年替擒元亮年分未詳附此	旱民饑
六十年 辛丑		旱民饑

世宗雍正元年癸卯

自夏及秋無雨歲大歉冬欠雨至五年春無麥旱民饑

四年丙午

高宗乾隆六十年乙卯

仁宗嘉慶五年庚申

浙撫阮元勦海寇甯海縣知縣陳鵬南於健跳螺師山設劈山礮以擊賊船之入口者見焦循神風盪寇記

十四年己巳

五月壬申夜雨豆大如栢子色如漆王起霞有雨豆

	十七年壬申	二十二年丁丑	二十五年庚辰
紀事	詩 夏四月紫溪鄲巳亭圖王瓜並蒂形分體合人謂其兄弟友愛之徵有詩誌異秋鄲鴻達家有瑞稻一莖三穗是年大稔		
		洪潮七月霪雨溪水暴漲漂壞民居無數北鄉溪下吳尤甚	

宣宗道光十一年辛卯				正月多雪民饑掘崇教寺山白泥爲食時暎夷叛逆民閒有雪頂血雪血頂血之謠
十四年甲午				洪潮衝沒台甯塘
十九年己亥			八月丁丑斑竹圍民人胡如一產三男邑令賞以銀米	
二十六年丙午				夏六月丙寅地震歲大饑民采薇蕨爲食復掘白泥

二十九年己酉	三十年庚戌	文宗咸豐元年辛亥
		秋九月丁卯廣匪掠瀝洋復艤船五嶼門欲掠大湖紳士胡庚等集團防堵賊
作餅食之俗謂之觀音粉後成腹疾 六月藻雨連旬彡賓寺後東北山崩十餘丈其上草木植立如故 雨血東鄉洞下三乂等處路上皆有血迹		

	知有備乃颺去		
二年壬子			冬十一月癸丑地震
三年癸丑			春三月辛亥地震
五年乙卯	夏六月廣匪掠童家端衛焚加爵科等村沿海居民請於官練團防堵越月始退		
八年戊午	秋九月庚辰林大廣陷邑城邑令鄒全節死之		五月妖星現西北方芒長如竿尖如筆其行若駛凡六月九月戊寅日

中刻東方似
有船起空際
自北飛渡南
旗幟艕揖畢
具越日有
林逆之變

林大廣始末

大廣臨海牧豎也其鄉人王彝霞等挾以作亂初彝霞强種盧姓田盧訟諸官吏捕之急乃據銅坑盧姓莊糴貲集黨奉廣爲主計取甯波台州兩郡以食不給先掠甯海九月初八日率黨百餘人由迎薰門入邑令鄒全節出諭大義不數語覿被害遂入各署劫掠燬教諭署官兵皆走匿參將虞祥瞽目不能走賊舍之乃索貲庫錢八千貫招集亡命數日閒附者二千餘人時黃壇官莊等處糾圖圖復城中亦集團爲應賊懼十四日縱火焚民居擄財物遁去團兵隨後追捕村民截殺斬首百餘級生擒五十餘人賊率餘黨攻台州城堅不得入竄聚鐵場嶺奧兩處十九日署甯紹台道張玉藻率將王浮龍等帶兵入城安撫知府吳端甫領將楊國楨等部帶勦勇會署道率鄉團圖鐵場追入嶺奧斬獲無算廣及彝霞逸去後捕廣正法郡

城彝霞解省賊平

九年己未	十一年辛酉	穆宗同治元年壬戌
冬土匪數百人越新嶺至草壇頭糸將王浮龍整隊出賊遁去	冬十一月壬辰粵匪寇城陷之	夏四月甲子粵匪屠塔山柘湖等十餘山村先是塔山諸生童以欽與塘頭柴遇春柴大如等合數村團兵
	夏六月彗星見牛斗之間帀月始滅雷震城東王氏宗祠棟柱皆折有蝙蝠數百丙有大如箕者領隊疾飛經躍龍山塔雷又迸擊塔頂壞卒	

禦賊屢有斬獲賊患之至是備稍疏而賊大至死者無數以欽等僅以身免事卒叙勞予世職贇官有差並建祠立碑以欽自撰團練記

戊辰賊棄城走八月粵匪掠四都

方孝孺從祀文廟

無痕迹

六年丁卯

粵匪始末　黃殿諸生林錦陷賊記賊首洪秀全踞金陵僭稱太平天國尊天主教稱天曰天父耶蘇

日天兄每月大建三十一日小建三十日無閏月自一稱僞朝曰天朝亦曰長毛稱官軍曰妖僞爵封王者有一稱千歲至五千歲之稱王以下有天義天安天福天燕天豫天侯丞相指揮檢點將軍傳宣諸名目謂之朝官知府曰總制知縣曰監軍監軍以下有軍帥師帥旅帥卒長司馬等謂之鄉官其印長一尺横六寸官小一級減三分字用眞書國字从王不从或順字左邊缺一直筆常服不戴帽用綢疋裹頭以黄爲貴次紅綠不等大約以焚掠姦淫爲事來寇曰殺妖擄掠曰打先鋒擄百姓入賊巢曰享天福路上行走遲則殺之曰放回家唐孝廉賫擣帆紀聞越匪何文慶結黨曰蓮蓬會奸民從者頗衆及粵匪入越文慶降辛酉十月二十三日遣子松泉犯天台陷之同治志稿十一年冬十一月初八日粵匪遣僞將潘飛熊寇城由天台擁衆入邑令黎廷攀忝將蘇方拱及官兵皆走匿遂據甯海置監軍及諸路鄉官設局崇教寺勒城鄉貢銀米牲畜民入城由局給票否則目爲土匪戮之先是賊將四眼狗擄台州潘賊欲邀功僞敍甯海守甚嚴攻不能入四眼狗撥黑旗兵數千坳戰經亭旁海游沙嶴等處殺掠甚慘歲貢生章廷判等被害逆浙賊潄捷乃中道回奉化賊首呂陸來王

撥魯曹兩賊酋分據江瑤橋棚等八莊索取糧餉擄民為兵又有賊將蔣九文自北鄉官莊佔踞懸洋堡與潘賊互相雄長四出擄掠十二月十三日搜括至西倉嶺燹村人堵截於西倉嶺下殺賊數十人自是長亭等處激奮胡陳庠生鮑圭璋等連絡各村萬餘人計圖剿滅以人未齊集爭先進攻寡不敵衆圭璋投水死衆多被戕賊益猖獗令各戶買貼門牌出佛銀一餅至四餅不等門有牌則免擾潘賊令亦如之數月閒城賊凡三易首潘賊去則汪啟銓黃應鐘代之同治元年四月天台仙居兩縣民集團殺賊賊敗由郡城等處來竄十一日至西鄉桐洲渡塔山拓湖塘頭柴等十餘村團兵截殺賊少卻十二日黎明賊登嶼子山東望見鄉團未集以紅旗舉地者三賊後隊漫山徧野而來分三路一由墻裏取南路一由大溪王取中路一由梁王取北路三路均會於塔山下戮男女一千七百餘人燬民居無算貢生王垚庠生童葆熙等被害十五日傳言天台仙居等處團兵至賊拔隊走城賊亦他竄秋八月賊由奉化來寇令蔣霖堵於提灘嶺賊由箬帽嶺竄新昌路經四都襄七等莊諸生石中圖王樹槐戴兆鰲潘芳等被戕

三年甲子		冬十月雨豆黃色	
四年乙丑		春正月丁未夜雨豆青色長腰二月雨豆五色村童拾之盈掬秋有年	
五年丙寅			夏四月戊申三日日虵升中日圓左右二日日稍扁
六年丁卯		夏四月青珠大湖雨飯多在水港中溢藻上成堆可掬陸地閒有之	八月洪湖沖後沿海塘田十一月壬戌地震屋中懸物皆墮
十年辛未			六月雨雹有大如盤者中

今上皇帝光緒辛巳七年

秋七月海寇掠大周嶴職員周士權妻葉氏擄其子英佳去數日以尸還

栢屏黃氏里門額上產靈芝一莖兩岐上有益壬午黃培俊領鄉薦癸未捷南宮乙酉黃佩璜又登賢書

人立仆屋瓦牆壁皆毀秋洪潮沖坍沿海塗田

十年甲申

王金滿 金滿臨海桐樹山人本姓金名滿加王以自寵也務農為業光緒初犯法當坐官吏捕之急遂匿身於逋逃藪倚衆拒捕工鎗法嘗擲盃空中隨手放彈礮屑紛紛下匪黨往依之拒勿納有心腹數十人往

來臨甯開出沒無定所經山僻村莊或餽以酒食輒解腰金爲贈上憲慮其滋蔓疊檄官兵會拏卒不獲復調幹員成邦幹攝郡篆成守至計圖先殲渠魁後往府事於是胥躡晨追終類捉影嘗竄入仙巖洞官兵圍洞口無去路適大霧瀰漫率黨冒官軍衣裝出無知者其機警變詐令人莫測如此彭剛直公諭以投誠蒙 恩賞給外委往廣東軍前效力調長江水師把總陞千總

十三年丁亥

海寇由楊梅站入山洋燬民房掠財貨一空竄者仍舊址築樓賊復至焚之

海寇入大胡守備周得喜禦之賊遁去年未詳附此

冬十月癸巳夜星亂度縱橫衝激蹤二刻乃定

十五年己丑

海寇掠人於山前渡

夏九頃墳秔稻四旬熟擲

秋久雨困穀霉敗

荷盤發紅白相間是年恩科楊秉鑒領鄉薦弟志鴻成武進士

十六年庚寅　海寇入大胡

十七年辛卯

十八年壬辰

四月雨雹大如盌壞王受山一帶民居瓴瓦傷麥夏秋無雨歲饑冬大雪

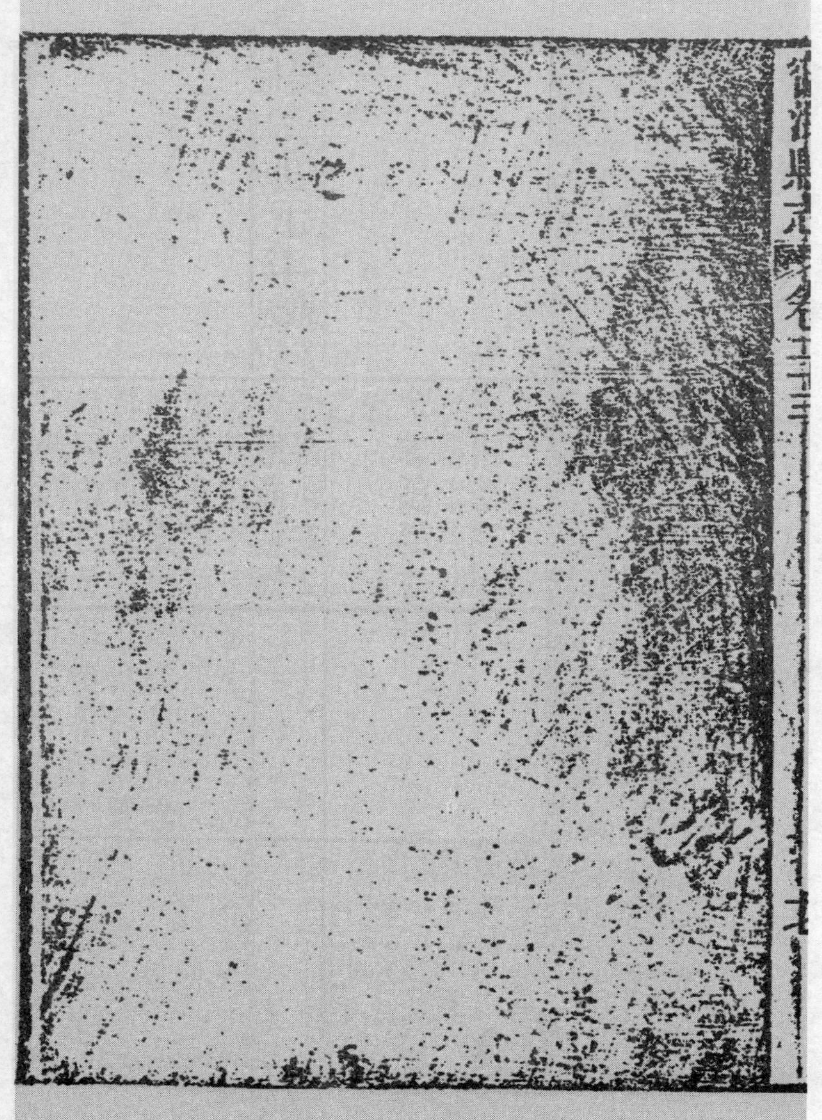

（清）史致馴修　（清）陳重威、黄以周纂

【光緒】定海廳志

清光緒十一年（1885）黄樹藩刻本

志十禨祥

宋元祐八年海風駕潮害民田宋史五行志

紹興二十八年沿海大風宋史五行志

淳熙四年白龍見東際顛風挾潮淹沒民居康熙志

紹熙五年大饑人食草木康熙志

嘉定二年秋大風駕潮漂沒廬舍康熙志

元至正四年海嘯敬止錄

明宣德十年大有年嘉靖志

宏治八年大旱殣殍載道康熙志

十七年大饑朝廷遣都御史王璟賫內帑銀賑之雍正府志

正德三年旱六月不雨至十月民間食盡草木康熙志

四年大饑雨黑子康熙志

九年正月民間訛言妖眚至每夜持兵器備之康熙志

嘉靖二十四年大荒穀價騰貴道殣相望敬止錄

二十七年霜降日天雨荱色蒼白以手撲之如灰飛散

三十年西溪嶺孫氏家茶樹徧生黃瓜

三十一年城吟

三十二年城復吟終夕如四五處吹角聲是時倭寇突登殺掠

三十四年章氏塚前茶樹生瓜長六七寸者盈擔

三十五年夏四月東皐嶺王家山大石橫於山麓者滾擲

如飛十二月二十九日未申時日光暗有赤黑紫色如日狀者數十與日相盪俄而數千逾時漸向西北散去明年四月倭寇逼境內大被殺掠案倭寇紀畧係嘉靖三十三年事二申錄同

三十六年七月十七夜東南際大小星亂落於海小頭西北際亦然八月二十五日海北獵戶獲一大白鹿毛色殊異時總督胡公宗憲方提兵海上有司具以告胡公以爲聖天子萬壽之徵表獻之表文出山陰徐渭十月參將盧鏜海上獲一巨鰍長七丈餘人謂斬倭之兆以上康熙志

徐渭代胡宗憲初進白牡鹿表 臣謹按圖牒再紀道詮乃知麋鹿之羣別有神仙之品歷一千歲始化而蒼又五百年乃更爲白自玆以往其壽無疆至於鍊神伏氣之徵應德協期之兆乃能馴迹誠亦希逢必有明聖之君躬修元默之道保和性命契合始初然後斯可得而致恭惟皇上凝神沕穆抱性清眞不言而時以行

無爲而民自化德邁羲皇之上齡齊天地之長乃致仙
麋遙呈海嶠奇毛灑雪島中銀浪增輝妙體博冰天上
搏星應瑞是蓋神靈之所召夫豈廣羅之可覊且地當
甯波定海之問沉時值陽長陰消之候允著晏清之茲
兼昭晉感之占顧臣明握兵符式遵成算盥茲醜廣尚
爾跡梁日與偏禆相爲犄角偶幸捷音之會嗣登和氣
之祥爲宜付之史官以光簡册內諧文鳳俾樂沼臺
覓草通靈益感百神之彙物芝候葷長迎萬歲之遊
徐瀆代再進自鹿表　稱惟白鹿之出端爲聖壽之徵
已於前次進奏之詞概述上代嘉祥之驗然黃帝起而
御書王母乘以獻瑞不過一至於廷遂光千古之册豈
有閱歲未久後先迭至應時而出牝牲俱純或從海鳥
之崇林或自神棲之福地若斯之與不約而同如今日
哉茲蕊恭遇皇上德函三極道攝萬靈齋戒而事神明
於穆而乎寄昊眷青洞府遠在齊雲聿新元帝之瑤宮
甫增壯觀遂現素麋於賚地歎示長生雌知守而維自
來海既翰而山亦應使因緣少有出於人力則偶合安
能如此天然且兩獲嘉符並臣分境嶓然攸伏銀聯白
馬之輝及此有抹玉映瑪瑚之茁天所申替斯意甚明
臣亦再逢其榮非細豈敢覼恤他論隱匿不闇是用薦
登禁令並昭上瑞雙行挾輦峙仙人冰
雪之姿交息凝神護聖主靈長之體

三十七年春二月鄉人林集者衢山洋際網魚見山麓一物似蛇長而高大色微紅尾丈餘目光若炬識者以爲海怪四月汪直脇徐明山葉麻等率倭人數百寇掠四郊被殄萬計康熙志

四十一年六月二十四日暮天西北當翼軫之度隕物如升子體圓而長上鋭下大其色黄白下有紫赤色挾持之炎炎而隨瞬息大如斗精光四燭明徹毫芒將至地作踴躍狀光影起伏者再後人來自淮陽亦有自閩至者所見皆同蓋類占書所謂天狗星墜地不聞其聲耳雍正府志

隆慶十七年六月海沸碎民船及戰舸溺人明史五行志

十九年七月海溢傷稼渰人明史五行志

萬歷三年五月三十日大風雨壞各關兵船數十艘溺死兵民萬餘禾稼盡淹康熙志

十一年十月十七日城東門火康熙志

十五年七月二十日龍風捲潮禾黍一空居民采草木食既而鬻男女以食康熙志

十六年大饑流離徧野瘟疫繼之道殣相望雍正府志

十八年正月二十七夜都管廟神首被截若鋸置於几上是夜廟祝聞空中戰鬬聲廟宇若撼撲旦起如故康熙志

三十二年十一月初九夜地震二十九夜有龍臥於舟山雍正府志

三十九年十月望日洛伽山補陀寺遷入三里爲海潮寺

是日晡時寺中食鍋已受米與水若干鍾發炊矣忽懸浮五六寸凡一日許始漸下其處越歲閏十一月十九日諸寶刹及僧寮廚庫盡燬四十年壬子十二月五日暨四十一年癸丑正月五日補陀寺鍋漲亦如海潮雍正府志

天啟五年五月邱氏家牡雞生一卵青色又雞雛出殼甫二日即啼康熙志

崇禎十三年大旱閩傳地出觀音粉饑民競取食焉其實即禹貢所謂厥土白墳之類食之者多病腹脹

十四年十月朔日食既晝晦見星鳥雀盡返於林移時乃復

十五年大旱饑以上雍正府志

國朝順治八年七月晦大星隕海中小星從之聲殷如雷光射數百里舟山紀變

九年有野獸入郡城羊首馬鬣牛蹄羊尾而身大如驢毛蒼褐色或曰此山羊也是年大師破舟山雍正府志

十二年二月初三日舟山城哭五日聲若風箏而咽雞犬上屋日夕號任光復海上記翁洲未徙前城門鳴烏聚噪萬數井水黑禾幾變起見李杲堂翁洲詞

康熙十九年二月二日虎大横白晝食人雍正府志

四十八年八月大風雨

聖廟毀

御書樓盡皆摧圮詳明各憲以通省俸工修葺康熙志

雍正元年五月不雨禾黍一空采訪冊

二年七月十九日夜大風雨海潮傾塘溢田漂沒廬舍采訪冊

四年大有年雍正府志

七年大有年雍正府志

八年歲豐雍正府志

乾隆五十五年五月間舟山龍起漂沒田廬淹斃人口越三日龍墜斬三段惟尾不見土人爇肉作油搨其鱗巨如葵扇其色若灰語新

嘉慶七年五月十三日大水田成巨浸禾盡傷翁洲記事

九年七月初三日城中大火延燒二百餘家祖印寺鐘樓山門齋堂皆燬惟大殿巋然獨存采訪冊

二十五年大沙鄉民陳宏球妻一產三男翁洲記事

道光八年秀山莊民童南飛妻林氏壽九十有四　欽旌五世同堂孫仁溥曾孫義明俱庠生采訪

十年岱山莊民何在高妻華氏壽九十有四五世同堂采訪

十三年大雨水禾黍一空癘疫繼之道殣相望翁洲記事

十四年大旱饑采訪冊

十五年歲豐采訪冊

十九年四月衜頭港營船火六月間雷擊船桅不逾時果遭夷擾采訪冊

二十年四五月間有殷姓畜犬每日向東山大街嗥聲甚震駭六月初英夷復陷（采訪册）

二十三年閏七月初八夜風雨大作勢若雷鳴二十五日又大水平地深數尺八月初八日復大水勢更洶天出蛟無數洞隩蘆蒲等莊漂沒百餘人（翁洲記事）

二十六年六月十三日戌時地震

二十七年二月五日雨冰

二十八年二月二十八日大雨雹

三十年七月四日流星如斗

咸豐二年大旱饑

三年三月七日戌時地震

六年八月蝗

八年秋饑

十一年八月六横山鳴十二月黄楊尖山鳴踰年粤匪至

同治元年正月初積雪至四五尺秋熟

三年六月十日暴風疾雨壞各埠舟溺死兵民無數以上本林

氏實錄

八年白泉韭國學生旹章錫濤妻顏氏壽九十五世同堂同

知張致高給以匾額訪採

陳訓正、馬瀛纂修

【民國】定海縣志

民國十三年(1924)旅滬同鄉會鉛印本

同	寅五	同	三、六、三五	同	〇、八、二五	四一、一、五〇	五四、一三、一〇	五、一三、一六
同	寅一〇	同	三、八、四九	同	〇、六、二二	四〇、一三、三三	五五、二、三八	五、一三、四十
大雪	寅一五	同	三、一〇、三七	同	〇、四、三三	四〇、八、四六	五五、六、一四	五、一四、一三
同	寅二〇	同	三、一一、五五	同	〇、三、五	四〇、六、一〇	五五、八、五〇	五、一四、三四
同	寅二五	同	三、一三、四三	同	〇、二、一十	四〇、四、三四	五五、一〇、二六	五、一四、四十

災異　亦氣候之一徵雖非其常要不同荒誕難憑之記述至如前志茶樹生瓜牡雞產卵兩甕鍋漲之類則盡屬愚民傳合茲俱從刪

宋元祐八年海風駕潮害民田　紹興二十八年沿海大風　淳熙四年顛風挾潮淹没民居　紹熙五年大饑人食草木　嘉定二年秋大風潮漂没廬舍

元至正四年海嘯

明宏治八年大旱殣殍載道　十七年大饑　正德三年旱六月不雨至十月民間食盡草木　四年大饑　嘉靖二十四年大饑道殣相望　三十一年城吟　三十二年城復吟終夕如四五處吹角聲　隆慶十七年

六月海沸碎民船及戰舸溺人　十九年七月海溢傷稼溺人　萬歷三年五月三十日大風雨壞各關兵船數十溺死兵民萬餘禾稼盡淹　十五年七月二十日風潮傷禾居民至鬻男女以食　十六年大饑流離徧野瘟疫繼之道殣相望　三十二年十一月初九夜地震　崇禎十三年大旱　十五年大旱饑

清順治十二年二月初三日城吟五日聲若風箏而咽雞犬上屋日夕號　康熙四十八年八月大風雨　雍正元年不雨五月禾黍一空　二年七月十九夜大風雨海潮傾塘漂沒田廬　乾隆五十五年五月海潮爲患　嘉慶七年五月十三日大水田成巨浸禾盡傷　道光十三年大雨水禾黍一空癘疫繼之道殣相望　十四年大旱饑　十九年己亥除夕大雷電　二十三年閏七月初八夜風雨大作二十五日大水平地數尺八月初八日復水勢更大洞澳蘆蒲等莊漂沒百餘人　二十六年六月十三日戌時地震　二十七年二月五日雨冰　二十八年二月二十八

日大雨雹　咸豐二年大旱饑　三年三月七日戌時地震　六年八月蝗　八年秋饑　十一年八月六日横山鳴十二月黄楊尖山鳴　同治三年六月十日暴風雨壞舟溺死兵民無數　光緒十八年壬辰自六月不雨至十月晚禾大無十一月大雪酷寒菜麥萎焉　二十五年己亥六月十四日大水舟入城市　二十六年庚子三月初八日巳刻晝晦如夜至未刻始復十一月十四日雷震

民國四年六月颶風雨甚潮沸壞海塘稻棉摧殘殆盡　六年一月三日午刻地震　十一年八月颶風自東北來驟雨海溢數日少間又作凡七次最後益甚田廬人畜被災為百年來所未有

占候　占候由于積驗物理感應有時而信兹錄野諺之可據者如左

上燈遇雨雹稻花風吹落　諺正月十三日雨雹主風摧稻花

春甲子雨撑船入市夏甲子雨赤地千里秋甲子雨禾頭生耳冬甲子雨雪沸著地　諺春秋甲子雨主潦夏冬主旱

日打洞明朝曬得背肘痛　日打洞言日落時雲無脚也主明日晴

日沒臙脂紅明朝雨夾風　言日落時半天現紫紅色主明日風雨

丙不藏日　言丙日多晴也

春己卯風秧苗空夏己卯風田稻空秋己卯風人口空冬己卯風牲畜空　言四時遇己卯有風主不吉

三月三日午前青蛙叫田稻好三月三日午後青蛙叫漁汛好　言三月三日蛙鳴主吉

三月三落雨落到繭頭白　言三月三日有雨主久雨

端陽逢天晴稻草爛田塍端陽逢天雨赤日割稻去　言五月五日晴主秋雨雨主秋晴

烏雲蓋日頭當夜雨颼颼　言日晡時有烏雲主夜雨

明星照爛地天亮落勿及（及讀如忌）　言雨天入夜忽霽主不晴

逢庚作變　言久旱逢庚日必雨久雨逢庚日必晴

壬戌癸亥平定作海　言日建壬戌癸亥又逢平定主大風雨

朝晚半天紅曬殺河底老蝦公　言朝晚有霞主久晴

春霧霧日夏霧霧熱秋霧霧風冬霧霧雪　言春霧主晴夏霧主熱秋霧主風冬霧主雪也

今朝霧明朝霧一連三朝霧西風隨屁股　言三朝霧主即有西風

日暈漲江水夜暈百草枯　言日有暈主潦月有暈主旱

東鱟日頭西鱟雨　言虹出東主晴西出主雨

春雨甲申米貴如金　言春甲申雨主歲饑

雷響驚蟄前四十九日不見天　言驚蟄前聞雷主久雨

未蟄先蟄人喫狗食　言驚蟄前聞雷主歲凶

田雞叫勿響快快去分秧　言蛙聲低主將旱宜及時插秧也

黃梅雨未過冬青花不破冬青花已開黃梅雨弗來　霉時雨稱黃梅雨

言冬青花之遲早可以驗雨量

小暑天雨少收成處暑天晴必豐登二月若逢三卯日豆麥田蠶處處穩

言小暑雨主凶處暑晴主吉二月有三卯日主農蠶俱吉

夏至西南風連日雨濛濛　言夏至日西南風主多雨

二十分龍廿一雨水車勿用放當路二十分龍廿一晴拔起稻空種黃豆

五月二十日謂之分龍分龍後一日雨主久雨見虹則主久旱

小暑一聲雷接連做重霉　言小暑聞雷主多陰雨

六月十四雷轟轟一把豆餅一把蟲六月二十雨颼颼買個蒲包蓋牆頭

言六月十四日聞雷主蟲二十日雨主潦禾棉均害也

六月蓋棉被八月無炊米　言三伏不熱主歲歉

南閃火門開北閃有雨來　閃電閃也伏中恆西北風將雨時風必反其向電隨風轉故北閃主暴雨南閃謂之空陣欲雨不成主熱

海和尚響丁當　立秋後海上見雲陡起似僧趺形主風潮

立秋晴一秋晴立秋雨一秋雨　言立秋日晴主旱雨主潦

八月廿四雨打瓦前荒竈上後竈下　言是日午前雨主米貴午後雨主薪貴

重陽大雨一冬冰重陽無雨一冬晴　言九月九日大雨主冬寒晴主冬旱

霜降見霜米爛陳倉未霜先霜米販象覇王　言霜降見霜主米賤未及期主貴

十月五風凍殺老農　言入冬逢五有風主暴寒

風吹彌勒面有米勿肯賤風吹彌勒背無米勿肯貴　十一月十七日爲彌勒佛誕期言是日東南風主米貴西北風主賤

若要麥見三白　三白三次雪也言冬月得雪三次主來年麥大熟

臘雪似被春雪如鬼　冬至後第三戊日入臘言臘內得雪主歲稔過臘主歉

兩春夾一冬無被煖烘烘　歲底交春謂兩頭春主冬煖

冬至和暖五色天來年豐收好種田冬至天冷雨不斷來年收成無一半

言冬至晴暖主來年歲豐寒雨主來年歉收

春己卯日雨兼風春夏雨汛洋花空夏己卯日風兼雨秋冬雨汛洋花苦

言春己卯日風雨主三四月漁汛歉收秋己卯日風雨主八九月漁汛歉收按秋冬己卯所占亦然

十月廿三天氣晴一冬洋花好收成　言十月二十三日晴主冬季漁汛大佳

風打正月半春夏七水網不滿風打七月半秋冬七水網多漏　言正月半大風主春夏七水魚汛不佳七月半大風主秋冬七水短收按水潮水也一月二水

正月十四夜亮烏鯛擺個樣五月十四夜暗烏鯛爬上磡　言是夜月明則墨魚歉收月暗則豐收

冬至後九九歌　一九二九棒打不走三九四九滴水不流五九四十五

窮漢街頭舞六九五十四笆頭抽嫩枝七九六十三破衣兩頭擔八九七十二貓狗尋陰地九九八十一飛爬一齊出

夏至後九九歌　一九至二九扇子不離手三九二十七冰水甜如蜜四九三十六出汗如洗浴五九四十五樹頭秋葉舞六九五十四乘凉不入寺七九六十三上床尋被單八九七十二被單添夾被九九八十一家家打炭墼

【乾隆】紹興府志

（清）李亨特修　（清）平恕、徐嵩纂

清乾隆五十七年（1792）刻本

祥異

㊀

宋書漢高后景帝時會稽人朱仲獻三寸四寸珠

萬歷志元鼎中熒惑守南斗

漢書建平二年二月彗星出牵牛七十餘日

萬歷志永平九年正月客星出牵牛長八尺見凡五十日

後漢書建初元年八月彗星出天市入牵牛三度積四十日

萬歷志永元五年九月太白在南斗魁中

〔後漢書〕永元六年四月會稽大疫

〔萬歷志〕元初四年九月太白入南斗口中

〔後漢書〕永建六年十二月壬申客星芒長二尺餘色蒼白在牽牛六度永和二年八月庚子熒惑犯南斗四年七月壬午熒惑入南斗犯第二星

〔萬歷志〕漢安二年有星隕于諸曁東北二十里化爲石

〔後漢書〕熹平元年十月熒惑入南斗中

〔三國〕

〔冊府元龜〕　　年十月會稽嘉禾生

〔萬歷志〕吳赤烏三年十月彗見西方拂牽牛十三年五月

日北至熒惑逆行入南斗七月犯魁第二星而東

三國吳志五鳳元年十一月星茀於斗牛萬歷志白氣出南斗側廣數丈長竟天

三國吳志太平元年九月壬辰太白犯南斗

冊府元龜永和三年三月西陵赤烏見是歲得大鼎於建德縣

宋書吳孫權時靈龜出會稽章安

晉

晉書太康四年會稽彭蜞及蟹皆化爲鼠甚衆大食稻

宋書劉太康八年九月星孛於南斗長數十丈十餘日滅

〔通志〕太康九年春正月會稽地震

〔宋書〕晉永康元年五月熒惑入南斗十二月彗出牽牛西指天市永興元年九月太白入南斗

〔通志〕晉永嘉六年秋七月火木金聚於牛斗之間

〔萬歷志〕晉建興元年十一月戊午己巳庚午餘姚大雨震電

〔宋書〕晉建興三年八月甘露降新昌〔萬歷志〕是年填星久守南斗

〔宋書〕晉太興元年七月太白犯南斗

〔萬歷志〕太興三年九月太白犯南斗四年餘姚大雨仇九

年三月丁酉諸曁地震

晉書咸和元年十月己巳會稽大雨震電三年九月二日壬午立冬會稽雷電

通志咸和四年秋七月會稽大水

萬歷志咸和六年正月丙辰月入南斗八年三月己巳月入南斗

通志咸和九年春三月丁酉會稽地震

晉書咸康元年六月大旱會稽餘姚特甚萬歷志大飢米斗直五百文

宋書晉咸康二年九月太白犯南斗因晝見

萬歷志永和三年正月壬午月犯南斗第五星五月壬申犯第四星因入魁九月庚寅太白犯南斗第五星四年七月丁巳入南斗犯第二星六年六月丙子月犯南斗

宋書晉永和六年八月辛卯太白晝見在南斗

萬歷志永和八年三月癸丑月入南斗犯第二星九年二月乙巳犯第三星十一年四月庚寅犯牛宿南星升平三年七月戊子犯牽牛中央大星八月太白晝見在南斗四年正月月犯牽牛中央大星五年五月辛亥犯牽牛八年八月太白入南斗犯第四星升平四年太白入南斗犯第四星哀帝興寧三年七月月犯南斗

通志晉太和中六月會稽大旱災火燒數千家延及山陰倉米數百萬斛炎烟蔽天不可撲滅

晉書太和中會稽山陰縣起倉鑿地得兩大船滿中錢錢皆輪文大形至明旦失錢所在惟有船存

萬歷志孝武寧康元年三月丙午月掩南斗第五星

宋書晉太元元年四月丙戌熒惑犯南斗第三星丙申又掩第四星

通志晉太元十一年春三月客星在南斗至六月乃没

晉書太元十五年夏鶩山石鼓鳴

晉書太元二十年五月癸卯上虞縣雨雹

萬歷志隆安五年三月流星赤色衆多西行經牽牛貫紫宫元興二年六月月掩斗第四星義熙元年八月熒惑犯南斗第五星三年若耶山五色雲見山陰地陷方四丈有聲如雷四年五月月掩斗第二星六年三月巳巳掩斗第五星五月甲子又掩第五星八月丙戌犯斗第五星丁丑掩牛宿南星

通志義熙八年春三月壬寅山陰縣地陷方四丈

萬歷志義熙十年五月壬寅月犯牽牛南星十三年五月丁亥月犯牽牛

宋

宋書永初元年七月戊戌鳳凰見會稽山陰元嘉十二年九月巳酉會稽郡西南向曉忽大光明有青龍騰躍凌雲久而後滅十八年八月庚午會稽山陰獲白鳩眼足俱赤二十四年四月白雀產鹽官民家七月乙卯木連理生諸暨會稽太守羊元保改連理所生處康亭村爲木連理二十五年八月辛亥黃龍見會稽孝建元年八月會稽大水二年五月乙未熒惑入南斗十月甲辰又入南斗大明元年二月巳亥諸暨縣獻白鹿

冊府元龜大明四年六月戊戌木連理生會稽山陰

通志大明七年浙江東諸郡大旱

宋書永光元年四月巳亥白雀見會稽泰始元年嘉禾生
會稽二年八月丙辰四眼龜見會稽上六年四月木連理生
會稽泰豫元年四月乙酉醴泉出山陰
南齊書建元二年五月白雀見會稽永興上虞縣楓樹相
去九尺合成一榦永明元年八月甲戌熒惑犯南斗第五
星甲申太白犯南斗第四星
册府元龜永明二年五月白雀見會稽永興縣
萬歷志永明三年八月熒惑犯南斗
南齊書永明六年山陰縣孔廣家園欓樹十二層會稽太
守隨王子隆獻之新涉林苑鳳光殿西七年越州獻白珠

自然作思惟佛像長三寸

萬曆志永明十一年十二月太白犯南斗

隋書梁天監元年八月壬寅熒惑守南斗十四年十月辛未太白犯南斗普通六年三月丙午歲星入南斗中大通六年四月丁卯熒惑在南斗五月己亥逆行掩魁第二星

通志災祥畧梁大同五年冬十月辛丑彗星出南斗

陳

萬曆志永定三年九月月入南斗

隋書天文志天嘉二年五月己酉歲星守南斗十三年八月癸卯月犯南斗丙午月犯牽牛

萬曆志天嘉四年九月太白入南斗五年十月庚申月犯牽牛太建十一年八月熒惑犯南斗第五星九月太白入南斗魁十二年十月戊午月犯牽牛禎明二年十月有星孛于牽牛

隋

隋書開皇八年十月甲子有星孛於牽牛

萬曆志大業三年三月熒惑逆行入南斗色赤如血如三斗器光芒震耀長七八尺于斗中句巳而行

隋書大業九年五月丁未熒惑逆行入南斗十二年九月戊午有二枉矢出北斗魁委曲蛇形注於南斗

唐

唐書武德二年七月戊寅月犯牽牛八年冬太白入南斗貞觀十九年七月壬午月掩南斗二十二年夏越州水永徽三年正月壬戌月太白俱犯牽牛顯慶五年二月甲午熒惑入南斗十六月戊申復犯之

萬歷志上元三年正月丁卯太白犯牽牛

唐書神龍二年諸暨縣治東五里木連理萬歷志是年天雨毛

文獻通考景龍四年五月丁丑剡縣地震

唐書開元十七年八月丙寅越州大水壞城二十二年七

月辛丑熒惑犯南斗

萬歷志 天寶三載山陰移風鄉生瑞瓜五載山陰縣張氏墓側出泉如醴又產芝二本各九莖

府志 大歷二年九月乙丑熒惑犯南斗六年有星光燭地長五丈餘出婺女西流入天市垣

萬歷志 大歷九年六月巳卯月掩南斗九月辛丑太白入南斗十月戊子歲星入南斗

府志 大歷十年正月甲寅歲星熒惑合於南斗

萬歷志 大歷十二年七月庚戌月入南斗

府志 貞元十九年三月熒惑入南斗色如血二十一年夏

越州鏡湖水竭（萬歷志）是年越州山崩二十二年鏡湖竭

（萬歷志）元和元年十月太白入南斗十二月復犯之四年九月又犯之

（唐書）元和九年七月太白入南斗至十月乃出晝見熒惑入南斗因留犯之十二年越州水害稼（萬歷志）八月丙午月入南斗魁

（唐書）元和十三年三月熒惑入南斗逆留至於七月大如五升器色赤而怒乃東行

（萬歷志）元和十四年正月癸卯月犯南斗魁

（摭遺志）元和十五年八月巳卯月掩牽牛長慶二年十月甲

并月掩牽牛中星

萬曆志寶曆元年七月太白犯南斗

唐書太和二年越州大風海溢三年十月熒惑入南斗四年四月月掩南斗杓五年三月熒惑犯南斗杓次星

萬曆志太和六年七月辛丑月掩南斗杓次星七年七月丙申掩南斗口第二星九月太白入南斗是年月入南斗者五八年流星出河鼓開成二年二月丙午彗出于危西指南斗三月甲子在南斗遍指四方七月月入南斗十月太白犯南斗四年十月辰星入南斗魁會稽大旱

唐書會昌四年十月癸未太白與熒惑合遂入南斗

萬歷志大中十三年會稽地震咸通元年有星隕于山陰會稽有狗生而不能吠擊之無聲

唐書咸通中吳越有鳥極大四目三尾鳴山林其聲曰羅平

萬歷志乾符六年冬歲星入南斗魁文德元年七月丙午月入南斗昭宗景福元年十一月有星孛于斗牛

唐書乾寧元年夏有星隕於越州後有光丈餘狀如蛇光化二年鎮星入南斗天復三年十一月丙戌太白在南斗去地五尺許色小而黃至明年正月乃高十丈光芒甚大

五代

萬歷志天成元年七月乙丑月入南斗魁

五代史唐天成三年七月乙卯月入南斗魁閏八月戊申月犯南斗魁十月彗出西南在牛宿五度

萬歷志天成四年正月癸巳月入南斗魁二月月犯火土合于斗三月歲星犯牛七月丁丑月入南斗

五代史唐長興元年八月己亥月犯南斗

萬歷志晉天福二年紹興府治東二十五里文殊巖出醴泉又産芝數本三年三月東方有大流星如三升器色白出河鼓東東流丈餘滅

五代史晉開運元年七月壬午月入南斗八月丙辰熒惑

犯南斗九月丙子十月癸卯月並入南斗二年九月甲寅

太白犯南斗魁

萬歷志漢高帝天福十二年十一月月犯南斗

五代史漢乾祐元年四月甲午月犯南斗六月乙未月入南斗

萬歷志周顯德三年正月大星出南斗東北流丈餘滅

宋

萬歷志乾德六年有星出河鼓如升器慢行明燭地

宋史開寶五年填星熒惑合於牽牛九年六月乙卯熒惑

入南斗

萬歷志太平興國九年九月丁未月犯南斗魁端拱二年有星出漸臺過河鼓沒淳化四年有星出南斗西北行沒至道元年會稽有白鸜鵒二年有星出牽牛光丈餘墜東南無聲三年有星二隕于西南一出南斗一出牽牛光三丈許咸平二年正月月入南斗十月太白入南斗

宋史咸平四年十二月太白晝見在南斗五年三月有星晝出心至南斗沒赤光丈餘九月有星千數入輿鬼至中台其間兩星如升椀大一至南斗沒

萬歷志景德元年閏九月太白犯南斗十二年六月月犯南斗

宋史大中祥符三年有星出建星如升器入南斗没五年正月丁丑客星見南斗魁前閏十月蕭山縣芝生李樹上

萬歷志大中祥符六年四月月犯南斗天禧二年月犯南斗距星三年填星犯牽牛

宋史天聖元年四月戊午熒惑犯南斗癸巳又犯南斗距星三年十月乙卯太白犯南斗

萬歷志天聖中夏夜暴風震電而無雨空中有人馬聲終夜方息百里間林木禾稼盡偃

宋史明道二年十月癸巳太白犯南斗十一月癸亥朔太白犯南斗

萬歷志明道七年七月餘姚大風雨海溢溺民害稼大饑
宋史景祐元年九月丙午熒惑犯南斗二年九月丁亥熒
惑犯南斗三年九月癸巳熒惑犯南斗
萬歷志景祐元年七月月犯南斗八月甲戌大水漂溺居
民三年八月月犯南斗四年八月山陰會稽大水壞民居
宋史寶元元年八月辛未熒惑犯南斗
萬歷志寶元二年十月月犯南斗
宋史皇祐四年十月丙子太白犯南斗五年八月乙巳熒
惑犯南斗
萬歷志至和三年七月月犯南斗嘉祐四年諸暨旱六年

會稽淫雨熙寧六年七月太白犯南斗八年七月月犯牽
牛會稽旱治平二年十月月犯牽牛中星元豐元年四月
月入南斗哲宗元祐八年會稽大風海溢害稼元符二年
十月餘姚江河水溢高丈餘
宋史元符三年八月丁巳熒惑犯南斗西第二星九月太
白犯南斗西第二星崇寧元年五月丁巳熒惑退入南斗
魁戊辰犯南斗西第二星大觀三年十月癸酉越州承天
寺瑞竹一竿七枝幹相似其葉圓細生花結實詔送秘書
省
萬曆紹興府志政和元年二月月犯南斗宣和元年十一月山陰

大水三年熒惑犯南斗六年會稽水溢民多流移建炎三年餘姚蝗暴至六月餘姚雨血縣治沾衣

宋史紹興元年十月乙酉越州大火十二月辛未越州大火萬歷志時高宗駐蹕部署文移多焚是年山陰諸暨餘姚大饑諸暨疫二年會稽斗米千錢人食草木三年七月月入南斗山陰水害稼

宋史紹興四年六月熒惑犯南斗

萬歷志紹興五年五月山陰諸暨水會稽旱久大暑人多暍死七月會稽海溢七年三月月犯牽牛八年諸暨大饑殍死殆盡九年十年會稽水旱相仍民饑賑之不給死者

過半

〔文獻通考〕紹興十八年冬紹興府大饑〔萬歷志〕是年山陰水死者數百人十九年二月月入南斗至七月熒惑犯南斗二十三年入南斗者五山陰諸暨餘姚大饑

〔宋史〕紹興二十七年紹興府大水十一月月犯牽牛二十八年月掩牽牛距星

〔萬歷志〕紹興二十八年會稽諸暨大風水平江

〔文獻通考〕紹興二十九年紹興府洊饑〔萬歷志〕是年月犯牽牛者三犯南斗者一旱蝗三十年會稽蝗三十一年四月月犯牽牛距星禍是再犯

宋史隆興元年浙東西郡國螟害穀八月大風水紹興爲甚紹興大饑

文獻通考乾道元年春紹興大饑夏無麥萬歷志是年二三月會稽諸暨盛寒首種敗餘姚正月至四月月淫雨又大疫諸暨疫七月月犯南斗十二年春夏會稽淫雨蠶麥不登

宋史乾道三年八月上虞縣水壞田廬積潦至於九月禾稼皆腐四年七月壬戌諸暨大水害稼萬歷志是年九月餘姚大風雨海溢五年五月月入南斗十月入南斗魁又掩第五星六年二月月犯南斗三月入南斗魁七年餘姚

大旱月犯南斗者三八年五月餘姚大風雨漂民居稼盡
敗九年會稽餘姚旱淳熙元年會稽海壽溪合激爲大水
決江岸壞民廬死者甚衆餘姚大旱二年八月月犯南斗
入魁會稽旱三年二月月入南斗五月月犯南斗諸暨旱
宋史淳熙三年八月浙東西郡縣多水會稽嵊縣爲甚四
年五月月入南斗九月丁酉連日大風雨餘姚縣敗隄二
千五百六十餘丈上虞縣敗隄及梁湖堰運河岸七年紹
興大旱自四月不雨至九月八年五月壬辰紹興大水漂
沒民居田稼蕩腐
萬歷志淳熙九年諸暨饑十年會稽霖雨大水十一年七

月月犯南斗十二年正月月入南斗五月又犯南斗十四年諸曁大旱十五年正月月入南斗魁六月九月十二月入南斗者三十六年三月月入南斗魁紹熙三年會稽四月霖雨至于五月

文獻通考紹熙四年夏紹興府無麥萬歷志是年諸曁餘姚四月霖雨至于五月七月會稽大風海潮壞隄傷稼

宋史紹熙五年春浙東西郡縣自去冬不雨至於夏秋七月乙亥會稽蕭山餘姚上虞大風駕海潮壞堤傷田萬歷志是年鑑湖竭

萬歷志慶元元年嵊縣城爲水所嚙存者才二三尺二年

會稽大水饑三年九月山陰諸暨水害稼四年會稽饑五年會稽霖雨六月至八月

宋史嘉泰二年正月丁巳塡星熒惑歲星合於南斗

萬歷志開禧元年諸暨大旱二年諸暨無麥三年六月月入南斗魁嘉定二年山陰餘姚大水漂民居五萬餘家壞民田十萬餘畝三年五六月會稽諸暨大雨水溺死者衆八月會稽大風壞攢宫陵殿宫墻六十餘所陵木三千餘章

宋史嘉定四年八月熒惑犯南斗山陰縣海水敗隄漂田四十里斥地十萬畝

〔萬曆通志〕嘉定五年正月月犯南斗

〔宋史〕嘉定六年六月戊子諸暨縣風雷大雨山洪暴作漂十鄉田廬十二月餘姚縣風潮壞海堤亘八鄉〔萬曆志〕是年山陰水

〔宋史〕嘉定九年五月大水紹興府漂田廬害稼浙東蝗

〔萬曆志〕嘉定十年會稽旱十三年太白犯南斗十四年四月月犯南斗

〔宋史〕嘉定十五年七月蕭山縣大水〔萬曆志〕是年八月月入南斗衢婺徽嚴暴水與江濤合氾濫于山陰會稽諸暨

〔宋史〕嘉定十六年浙郡國皆無麥禾

萬歷志嘉定間新昌俞時中家產芝草白玉蟾爲記十八年會稽饑理宗寶慶二年秋餘姚大風海溢溺居民百十家紹定元年七月熒惑犯南斗嘉熙四年會稽旱諸暨餘姚洊饑淳祐二年諸暨旱餘姚大水八年諸暨大水十二年太白犯南斗距星寶祐四年諸暨大水景定三年會稽螟五年會稽大水八年星出河鼓大如太白度宗咸淳二年會稽大水六年蕭山大風海溢新林被患爲甚岸址蕩無存者七年會稽餘姚大風拔木壞民居諸暨大水漂廬舍八年八月會稽蕭山諸暨餘姚上虞大水十年諸暨大水德祐元年八月熒惑犯南斗

元

萬曆志元世祖至元十七年七月月犯南斗十八年諸暨饑道殣相望二十年正月月入南斗犯距星四月七月又犯南斗山陰大疫二十一年九月太白犯南斗第四星二十四年閏月月犯牽牛七月犯南斗牽牛太白犯南斗第四星二十五年九月熒惑犯南斗二十六年二月會稽諸暨大水七月月犯牽牛十月犯牽牛距星二十七年正月太白犯牽牛二十八年五月八月月並犯牽牛

元史至元二十九年紹興等路水七月月犯牽牛三十年二月月犯牽牛

萬歷志成宗元貞元年五月月犯南斗十六年諸暨饑大德二年十月太白犯牽牛十一月辰星犯牽牛十二月月犯南斗嗣是又犯者四三年九月流星起河鼓没于牽牛西有聲如雷會稽旱五年餘姚海溢六年會稽旱餘姚五月不雨至于六月七年八月月犯牽牛九月辛未熒惑犯南斗乙亥太白犯南斗十年閏正月太白犯牽牛七月月犯牽牛諸暨大饑疫十一年五月大旱至八月方雨六種絶收餓者十八九盜賊四起父子相食七月熒惑犯南斗諸暨虎暴入市三日死臧學廟後十二年諸暨蝗及境皆抱竹死

元史武宗至大元年春紹興大疫萬歷志是年十月太白犯南斗嵊饑餓死者人相食之三年三月月犯南斗餘姚大雨水害稼

萬歷志仁宗延祐七年三月月犯南斗東星九月熒惑犯南斗英宗至治二年正月太白犯牽牛第一星

元史泰定元年二月紹興路饑九月又饑十月太白犯南斗距星又入南斗魁四年正月太白犯牽牛

萬歷志文宗天歷二年紹興饑

元史至順元年閏七月紹興等路水沒田數千頃

元史順帝元統元年三月戊子蕭山縣大風雨雹拔木仆

星殺麻麥傷人夏紹興旱自四月不雨至於八月

萬歷志元統元年山陰會稽諸暨自正月不雨至于七月二年九月月入南斗魁三年諸暨旱饑至元元年月犯南斗東南星入魁閏月犯魁東南星自是歲輒三四犯熒惑太白凌犯更多二年餘姚文廟火三年二月紹興大水會稽大饑

元史至元四年正月庚申太陰入南斗太白犯牛宿萬歷志是年六月餘姚海溢

元史至元五年六月甲辰熒惑退入南斗魁內七月辛酉熒惑犯南斗魁尖星壬戌復如之甲子復如之六年三月

壬申太陰犯南斗十月丁酉太白入南斗

萬歷志至正三年會稽旱十年會稽大疫

元史至正十二年紹興旱自四月不雨至七月

萬歷志至正十三年諸暨地震十三年十八年十九年二十年二十三年俱夏旱

元史至正十四年十二月乙酉紹興地震二十年夏山陰會稽二縣大疫二十二年彗見紫微垣在牛二度九十分

山陰會稽二縣大疫

萬歷志至正二十五年閏十月太白辰星熒惑聚于南斗

元史至正二十六年六月山陰縣臥龍山裂

萬曆志二十七年十月太白熒惑聚于南斗新昌大饑諸暨吳銓家犬病踣子銜食哺之及死埋山下有花開如白鳳仙人呼孝犬又名桃花犬楊維楨爲作詩

明

明實錄洪武二年九月戊戌夜太陰犯南斗五年八月乙酉嵊縣大風山谷水湧漂没廬舍及人畜甚衆十一年十二月庚戌辰星犯南斗十五年九月乙丑熒惑犯南斗

萬曆志洪武十九年熒惑留南斗二十年會稽王家堰大風雨水暴至死者十四五二十一年蕭山大風捍海塘壞二十三年正月熒惑入南斗

明實錄洪武二十六年九月癸卯太陰入南斗萬歷志是
年閏六月山陰會稽大風海溢壞田廬
萬歷志洪武二十八年山陰縣天樂濂湖塘掘得一物類
小兒臂紅潤如生人云此肉芝也食之延年三十年熒惑
犯南斗三十二年二月九日會稽地震蕭山大水
萬歷志永樂十年諸暨縣學後小阜朱山產芝一本七莖
十三年會稽旱二十一年諸暨大風潮至楓溪宣德二年
同
續文獻通考宣德六年九月熒惑犯南斗
明實錄宣德七年正月乙巳夜火星犯南斗杓甲寅昏刻

有流星大如杯色赤有光出河鼓西南行至斗宿五小星隨之辛酉夜月犯南斗魁第二星丁丑夜金星犯南斗魁第三星（萬歷志）宣德七年諸暨大部鄉民家狐爲祟震死殆盡

（明史）正統五年八月潮決蕭山海塘

（萬歷志）正統七年秋餘姚海溢

（明史）正統八年十一月浙江紹興山移于平田（萬歷志）是年諸暨淫雨害稼

（明史）正統九年冬紹興寧波台州瘟疫大作及明年死者三萬餘人十二年夏秋間紹興各縣亢旱無收（萬歷志）餘

姚蝗

明史正統十三年寧紹二府及州縣七饑

萬歷志正統十四年新昌大水

萬歷志景泰元年正月朔新昌俞家水上文荷花數十枝莖亭亭青紅掩映久乃散五年會稽餘姚大雪自十二月至六年二月乃霽七年春諸暨縣長山產芝五月蕭山大水會稽淫雨傷苗稼饑餘姚旱新昌饑

明實錄景泰七年四月己丑夜有流星大如杯光燭地出天市垣南行至牛宿二小星隨之五月紹興久雨没田禾十月壬寅月犯斗宿火星

萬曆志天順元年會稽餘姚新昌旱二年三年五年餘姚俱旱

明實錄天順四年紹興四五月陰雨連綿江河泛溢麥禾俱傷七月丁亥夜月犯牛宿五年五月會稽霪雨傷苗

萬曆志天順八年秋餘姚海溢十二月會稽地震

萬曆志成化二年太白或入南斗三年山陰李生桃實四年新昌民家鼈鳴

明史五行志成化七年閏九月杭嘉湖紹四府俱海溢淹田宅人畜無算

萬曆志成化八年七月十七日夜會稽大風海溢男女死

者甚衆九年餘姚水溢壞田廬山陰民家牛生一犢兩首兩尾八足十一年諸暨巖坑地裂十二年諸暨餘姚大雨害稼餘姚水陷没石堰塌鹽數十萬引山陰蓬萊坊馬氏生子四手山陰芥生荷花十三年春紹興府瓜山裂會稽大風雨雹大饑六月山會海溢害稼是春山陰李樹生梔杏樹開花四種

明史成化十三年二月甲午浙江山陰湧泉如血

萬歷志成化十三年山陰福嚴夏璜家庭中血濺地高可二尺廣二三尋有司聞于朝遣官祭南鎮以禳之十四年新昌大水十七十八十九年餘姚俱大水十八年山陰地震

二十二年嵊大旱二十三年諸暨餘姚大旱成化間上虞葛用章家豨生七子而母斃竝有猪聞豨子悲鳴往乳之遂流而七子得長

明實錄 成化十三年紹興水旱相繼

萬歷志 宏治元年會稽餘姚新昌大饑二年四年三縣又饑七年會稽餘姚海鹽餘姚十月至十二月不雨八年餘姚正月至三月不雨

明史 宏治九年六月庚寅山陰蕭山二縣同日大雨山崩溺死三百餘人

萬歷志 宏治十一年餘姚境內水湧高三四尺猝平淡饑

十二年有餘姚不雨冬大寒姚江水合焉三年餘姚三月不雨至五月晦乃雨江南災焚民居三千餘家傷百有八人火渡江焚靈緒山民居二百餘家十一月至閏十二月大雪十四年餘姚蝗十五年餘姚大雷電雨以風海溢十八年九月會稽蕭山餘姚地大震生白毛有妖民驚晝夜禦之月餘乃息

萬歷志正德元年餘姚上虞旱二年山陰颶風大作海溢頃刻高數丈並海居民死者萬計三年會稽蕭山諸暨餘姚新昌大旱四年餘姚大水七年會稽上虞蕭山海溢死者甚衆餘姚大水山崩文廟壞海大溢堤盡決沒田廬人

畜無算大饑十年三月蕭山大雨雹傷麥殺禽鳥十一年餘姚大水大饑斗米一錢三分新昌民家雞鳴十二年螟十三年會稽颶風淫雨壞廬舍傷稼秋餘姚海溢十四年八月餘姚復海溢蕭山西江塘圮大水餘姚旱十五年餘姚旱大饑

萬歷志嘉靖元年蕭山西江塘復圮龍見餘姚附子湖二年諸暨水會稽餘姚上虞旱三年二月山陰地震大歉斗米一錢四分餘姚蝗會稽上虞嵊大旱四年餘姚旱疫五年諸暨新昌大旱諸暨豕生人六年六月淫雨西江塘壞居民多溺死平原皆成巨浸餘姚大水無麥苗諸暨蝗飛

歉天八年諸暨新昌水餘姚蕭山蝗十年餘姚大水十三年上虞颶風壞田廬諸暨新昌嵊縣溪漲入城平地水一丈新昌決東堤民死者衆餘姚饑斗米銀一錢諸暨民婦產一狐十四年上虞火延燒甚衆十八年五月紹興大水衢嚴三府暴流與江濤合入府城高丈餘沿海居民溺無算蕭山西江塘壞縣市可駕巨舟大饑會稽諸暨上虞與大水餘姚旱十九年九月熒惑入南斗會稽諸暨餘姚新昌蝗餘姚大水二十年春紹興駱駝山鳴諸暨縣西隅張氏妻一產四子諸暨蝗二十一年八月丁酉熒惑掩南斗天裂有光如電二十三年三月丁巳夜熒惑入南斗

諸暨雨雹大如斗傷麥二十三四年紹興合郡連年大旱湖盡涸爲赤地斗米銀二錢人饑死接踵二十五年山陰民家生犢二首二尾八足二十九年狐入諸暨縣衙變人形能語言知縣王陳策捉而磔之三十一年春山陰村落血濺于地高數尺是年倭入寇三十三年諸暨旱上虞李樹生黃瓜三十九年二月山陰地大震三十八年三十九年四十三年餘姚旱四十一年夏天裂有光如電四十五年新昌縣呂光還光新家有紫荆花異枝合本諸暨大水漂民居。

萬歷志隆慶元年諸暨縣民袁氏妻一產三男諸暨雞冠

山石隕大如巨屋至地陷爲池復躍過溪乃止浣江潭中石有文曰戊辰大旱是歲旱而不甚二年三年新昌俱大水二年正月朔山陰諸暨俱火山陰縣災大風屋瓦爲震是月民間數災三年正月諸暨長山夜火光數十丈珠嶺民邵氏養蠶力不能喂棄之山中後皆成繭八月嵊縣北風大作逆溪流入城水深一丈三尺怒濤吼衝西門城及樓俱圮四年諸暨縣豐江周氏妻一產三男五年新昌自秋雨至冬至始晴

〔萬曆志〕萬曆元年會稽民家生豕雙首明年丐家豕六足兩爲人手三年六月上虞餘姚二縣大風雨海潮溢行火

色漂没田廬上虞乃衍入城河以器擊之火光輒現案海水性鹹晦夜觸之皆有火光不足為異也

明史萬曆三年六月杭嘉寧紹四府海溢數丈没戰船廬舍人畜不計其數

萬曆志萬曆四年嵊災焚百餘家六年合郡大雪寒運河氷合九年冬餘姚東門外居民蔣家樓下地出血流滿室中上澱樓板十二年郡城隍下廟燬十三年蕭山西江塘壞

會稽縣志萬曆十四年會稽縣民傅忠年一百歲妻謝氏亦一百歲五世一堂縣令陳國器申詳督學巡按具題詔

賜七品冠帶給銀建坊曰百歲齊眉陳國器傳氏堂聯孫子生孫五代幸逢全盛世老人偕老百年共樂太平春萬歷志是年餘姚地震

採訪事實萬歷十四年山陰縣王文英舉鄉飲大賓年九十三歲五代同堂賜額曰人瑞同時諸暨姚賓相妻年百八歲亦額人瑞

俞志萬歷十五年山陰會稽蕭山餘姚上虞自秋雨至冬至始晴大饑次年又淫雨疫癘交作餘姚旱通郡大饑斗米銀三錢殍死載道婦女有被華服戴簪飾而餓死者民或殺子而食

明史萬歷十七年六月浙江海沸杭嘉寧紹台屬縣廨宇多圮碎官民船及戰舸壓溺者二百餘人七月己未紹興

地震

萬歷志萬歷十六年十七年蕭山大疫

明史萬歷十九年七月寧紹蘇松常五府濱海潮溢傷稼溺人

萬歷志萬歷十八十九年餘姚饑二十一年餘姚旱二十五年府大堂災

明史萬歷二十六年九月甲辰蕭山賈九經家出血高尺許

俞志萬歷二十六年自五月至七月不雨泉流皆竭各邑民饑或采竹米以療二十八年山陰會稽大饑殍死無算

二十九年臥龍山上城隍廟火蕭山民家竈前地出血濺高尺許巡撫以聞諸暨姜氏妻産子即咬其母死子亦亡三十年七月大風雨山陰會稽民溺死不可勝計海潮驟入城漂石梁里許方沉諸暨民婦姙十五月産子鬚髮俱白不乳食死三十二年十月八日夜半各邑地震三十五年五月六月淫雨閏六月諸暨縣山出蛟洪水泛溢溺人不可勝計三十六年雨七晝夜諸暨大水饑三十七年嵊大水民多溺四十年五月諸暨有黑霧障天行人見之即疫茹腥者必死四十三年諸暨大水四十五年六月六日諸暨雷雹驟作寒逾冬月四十七年府城火四十八年諸

暨大水民多死

〔俞志〕萬歷間山陰縣四十三都民俞楲年百歲妻鮑氏九十九歲子仕朝至崇禎間年九十八歲婦韓氏一百有四歲

〔俞志〕天啓三年十一月蕭山地震四年上虞地震嵊民家李樹生黃瓜長二寸許五年山會蕭諸俱大旱七年七月暴風雨一晝二夜嵊學宮殿閣樓亭盡圮七年秋蕭山縣茅山忽一夕光氣插天人往視見一石壁明澈如鏡山川人物毫末畢照踰月而晦諸暨岳僧趙山雷震塔石忽燃經時始滅餘姚大水天啓初諸暨蔣氏妻生一女變男

及長仍變爲女後嫁夭孕一子而死王氏妻生子有兩陰
囊月餘死
俞志崇禎元年七月大風拔木發屋海大溢府城街市行
舟山會諸民溺死各數萬上虞餘姚各以萬計二年八月
海復溢七年餘姚大水
孫氏家傳崇禎元年刑部員外孫如洵奏餘姚縣吏部尚
書孫鑨妻錢氏百歲奉旨建一品百齡坊
俞志崇禎八年餘姚地震九年山陰會稽地震嵊新昌旱
諸暨趙氏池產五色蓮每日八時赤光燭天
明史崇禎十年三月錢塘江木柹化爲魚有首尾未變者

俞志崇正十一年蕭山蝗十二年諸暨蝗十三年不雨者四月山陰會稽蝗諸暨夏旱雨雹害稼殺牛羊甚衆秋大水斗米五錢十四年十五年連旱民大困蕭山淫雨塘壞諸暨蝗遍野斗米價千錢邑令錢世貴令民以火照水蝗赴水死者十之三餘姚上虞皆蝗蕭山大疫

俞志崇禎十三年諸暨雨雹害稼殺牛羊甚衆

國朝

俞志順治二年乙酉紹興府未入版圖夏六月太白晝見逾數日越與甬東同日聚衆畫錢塘拒師初八日夜有流星如月大小[illegible]芒甚白冬嵊縣桃李杏俱實三年四

月至八月旱五月二十六日太白經天六月朔日
大兵臨府城士民嚮化
皇朝文獻通考順治三年浙江餘姚縣甘露降於松
〔府志〕順治三年六月十一日星隕如雨八月初一日大風拔木海溢山陰會稽禾稼淹腐四年餘姚縣化安山松樹有甘露山陰民家羊生羔三足前二後一豢於江橋張神廟人不敢宰食七月嵊大水民多溺死九年二月十四日夜四鼓蕭山地震諸暨旱十一年四月初六日辰時蕭山地震有聲如雷是日又山鳴十二年山陰會稽旱十五年閏三月朔日上虞雲中隱隱如龍戰鬬大雨雹倏忽高尺

餘細者如彈或如拳更有巨如石臼至不能舉者人畜多擊死是年菽麥無收十六年郡城外多虎南鎮上竈尤甚傷人百餘竟有至西郭門外者上虞旱十七年十一月初十日蕭山地震二十一日二十八日皆震十八年六月天裂有光

【俞志】康熙二年山陰寶盆陳氏妻一產四子三年四月朔諸暨雨雹八月山陰餘姚大水害稼四年七月大風雨嵊縣江水驟漲餘姚螟五年餘姚螟薦饑六月十五日夜半天裂有光

【採訪事實】會稽古渚耆民阮大績生于前明隆慶元年至

康熙五年卒享年百歲請

旨特授廸功郎鄉飲介賓

俞志康熙六年蕭山蝗四月十五日嵊富順鄉雨荳六月大水七年六月十七日戌時各邑地震屋瓦多落門壁皆裂三十日亥時地又震是年夏秋間山陰會稽蕭山諸暨上虞餘姚地上生白毛狀如馬鬃亦間有黑毛八年七月初二日府城雨雹九年三月嵊虎噬人攫去之六月山陰諸暨上虞大水十二月初三日大風連日盛寒各邑江河氷合十二月十四日起連雪浹旬高數尺各邑皆同十年諸暨一都民朱良妻徐氏一百三歲是年通郡旱上虞新

昌青螽害稼新昌尤甚邑令劉作樑具白院司

詔蠲稅

採訪事實康熙十三年壬午舉人國子監助教陳箴言年踰百歲總督李之芳給越中人瑞匾額

俞志康熙二十一年淫雨九旬衝決西江塘潮水直入山會蕭三邑禾苗盡淹

恩免稅糧

俞志康熙二十三年甲子秋府治賓賢館後有黃桂一株忽發丹桂數十朶嗣是每歲易枝而發至丁卯尤盛最東一枝粹蕊流輝與朝曦相映時郡守胡以渙自甲子下車

以來桂花開四度叅皆有丹黃同榦之瑞前此未之見也
因作丹黃芳桂吟寄屬中士屬而和者甚衆越中相傳以
爲美談附以渙詩凉生山館露華侵共榦紅黃間綠陰舞
蝶爭香疑別樹飛鳥挾子自同林好收余液成仙
釀堪表丹誠捧月心上苑一枝應獨貴淮南豈羨小山吟
焉協一詩郡齋鈴索桂叢侵掩映甘棠蔽芾陰更有一枝
稱獨秀何須八樹共成林青要玉女懸無色金粟如來見
此心願集淮南小山作清讌謌入會稽吟姜希轍詩蓬萊
仙署月華侵叢桂蒼蒼散彩陰已羨朱霞披玉樹那期金
粟綴丹林銜盃花下憐秋色落子天邊類赤心更謝高雲
曾賦詠和歌真愧草蟲吟余泰來詩銀霰光摇佳氣侵一
枝月殿弄花陰朱闌赤芾朝仙仗翠縠金甌卜上林紅雪
白能和白雪氷心還許見丹心庾
公此日恆多興醉後應須秉燭吟
俞志康熙二十九年秋七月二十二日大雨知府李鐸念
時序入秋亢陽之後必有淫潦遂不抜水則令所司開三

江閘頭放水三尺二十四日果霪雨連朝至八月初三日止山會蕭三縣幸閘水流通廬舍田禾得保無虞諸餘上三縣皆被水災而餘姚尤甚千山盡裂湧水流沙田禾淹没墻垣冲倒平地水深丈餘甚至屍棺飄泊田間水際知府李鐸目擊顛連之狀忘飧廢寢者累月具詳題報蒙

皇恩蠲免本年地丁銀三萬三十二兩四錢三分給發歷年捐贖積穀三千四百九十三石零賑給災黎得獲更生知府李鐸憫各縣被災之後饑民難以生全遂自典鬻衣珥首倡捐募泣請制臺興撫軍張藩司馬併合屬官紳士庶得米二萬七千餘石棉衣三千餘件三次親歷賑濟窮鄉僻

壤無不身到各邑饑民賴以存活者十餘萬人又見沿途飄流屍棺甚多蒲司馬公如龍捐俸二十兩知府李鐸捐米一百四十餘石即令各鄉附近壯年饑民每名日給工米三升盡力掩埋不特安魂魄於九泉且以延饑黎於旦夕共收埋過無主屍棺七百八十九口買棺殮埋暴露屍骸三十八口是以雖災不害

〔山陰縣志〕康熙四十四年四月

聖祖仁皇帝南巡至杭州山陰縣民王錫元與弟錫魁錫爵錫驥錫則皆同母生龐眉皓髮跪伏道旁恭迎

聖駕問其年錫元與錫魁孿生俱八十歲錫爵等三人各七十餘

歲五人之婦皆結髮齊眉其家有女弟二人亦年近八十
與其夫偕老合夫婦十四人壽盈一千七十餘歲
御書一門人瑞四字以旌其閭
蕭山縣冊康熙五十三年西江塘壞江水入城田禾種後
復旱歉收奉
詔蠲免被災田糧五千一百餘兩
採訪事實康熙五十八年山陰徐允祿年一百歲
採訪事實雍正元年夏六月餘姚海濱捕魚人午後見波
浪間浮金冠數十漸至海岸湖口逐潮上下漁人駕舟撈
取不能得一是年秋七月海嘯颶風作潮壞堤漂廬舍畜

家人民俱淹次年秋海潮又大作

（縣冊）雍正元年蕭山旱奉

詔蠲免

（蕭山縣冊）雍正二年七月中旬海風大發潮衝西興昌泰豐寧盛盈陸園竈地廬舍倒壞花息無收奉

詔蠲免并賑恤銀米

（縣冊）雍正七年十一月蕭山縣民高耀妻潘氏一產三男

（蕭山縣冊）乾隆六年七月二十三日陡起颶風海潮壞江塘害田禾河南九鄉田禾亦遭淹沒奉

詔加恩賑恤并蠲免民竈錢糧合計蠲賑銀米二萬有奇

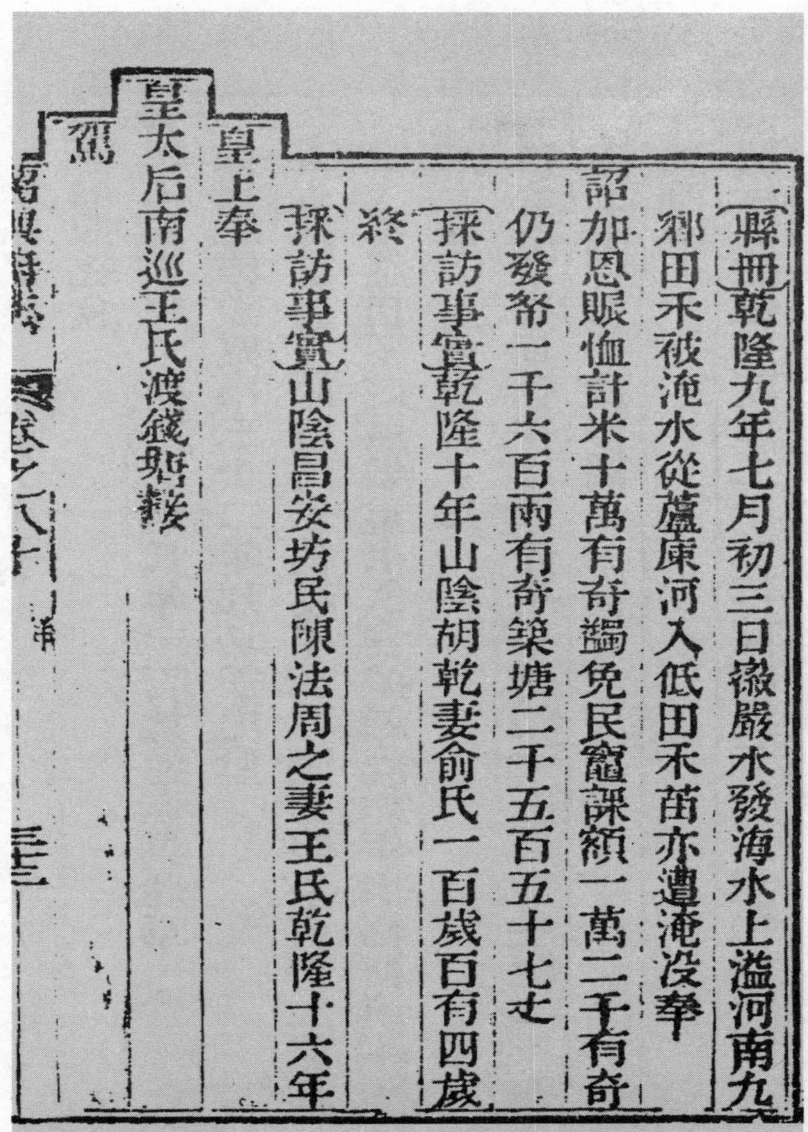

縣冊乾隆九年七月初三日緻嚴水發海水上溢河南九鄉田禾被淹水從蘆康河入低田禾苗亦遭淹没奉
詔加恩賑恤計米十萬有奇蠲免民竈課額一萬二千有奇仍發帑一千六百兩有奇築塘二千五百五十七丈
採訪事實乾隆十年山陰胡乾妻俞氏一百歲百有四歲
終
採訪事實山陰昌安坊民陳法周之妻王氏乾隆十六年
皇上奉
皇太后南巡王氏渡錢塘赴
蹕

紹興府志 卷之八十 祥異 三十三

皇太后賜克食

皇上賜銀牌一面三十年氏年一百歲巡撫具題奉

旨賜坊額粟帛三十二年建坊于施墅

〔採訪事實〕諸暨蔣子信妻駱氏乾隆己卯年百有二歲耳不聾目不眩黑髮重生飲食步履悉如年少紹興府學施滄瀚爲作百歲堂記

〔餘姚縣冊〕耆民岑及先生于順治十五年至乾隆二十四年一百二歲申請

旌表

〔山陰縣冊〕乾隆三十三年陳廷槐年逾百歲申請

旌表

縣冊乾隆三十五年七月二十三日蕭山風潮水漫入塘自龍王塘井亭蘆㢊河等處爲尤甚近塘居民淹斃者千餘邑令談官詣目擊情形先行賑恤通禀各憲奉藩憲王親履勘災賑恤坍倒房屋銀二千七十二兩二錢五分又賑恤淹斃人口銀一千一百九十兩均係動支司庫地丁并鹽道庫京協餉餘平銀兩給發撫邮一月米六千六百六十三石三斗七升五合動支常平倉穀碾米按戶按口散給詳題在案

縣冊乾隆三十九年新昌縣民楊柏稱年一百二歲題請

旌表奉
旨加恩賞給上用緞一疋銀十兩
採訪事實乾隆四十年九月蕭山縣候選縣丞鄭煜妻一
百五歲禮部具題給建坊銀三十兩奉
旨趙氏着加恩賞給上用緞一疋銀十兩
山陰縣冊乾隆四十一年金達先百歲申請
旌表
採訪事實乾隆四十一年秋餘姚汝仇湖北隄自石礎堰
至臨山城東門外里許旦雨小麥黃荳遍地人拾與可食
片時無數

採訪事實乾隆四十五年餘姚五車堰村沈氏構新井掘土九仞土中得沉淹古大桅一鐵猫一尚未糜壞地距海五十里

採訪事實康熙丁酉科舉人胡永齡乾隆丁酉科重赴鹿鳴山陰人

上虞縣學冊乾隆四十七年上虞縣民葛振祺夫婦九旬同堂五代

採訪事實乾隆四十七年山陰平士植之妻陶氏年百有一歲子二灯辛酉舉人巍諸生孫二人聖壇監生聖垣庚子舉人曾孫六人元孫一人禮部具題給與貞壽之門字

樣奉
旨加恩賞給上用緞一疋銀十兩
山陰縣册乾隆四十五年朱清顯一百歲申請
旌表
採訪事實乾隆四十六年朱芳一百歲申請
旌表
採訪事實乾隆五十三年冬十一月日午餘姚北海煙波
上浮蜃樓蓋猶色兩日不散自道塘鋪至黄家埠二十里
長對下列樹木臺榭城堞有牛馬奔走掮衞人物衣冠萬
國來朝狀百姓聚觀以爲

國家平治休祥所致

〔採訪事實〕乾隆五十五年山陰縣監生捐納從九品施楷年八十九歲子三人孫七人曾孫十四人元孫四人由縣驗確以捐照年歲不符未

旌

〔山陰縣冊〕乾隆五十五年王茂源五世同堂申請

旌表

〔餘姚縣冊〕乾隆五十五年耆民馬占友年九十一歲五代一堂夫婦齊眉申請

旌表

嵊縣册乾隆五十五年嵊縣長樂莊耆民錢奇俊壽逾九
秩五世同堂禮部具題舉[illegible]
旨賞給銀緞

採訪事實乾隆五十七年山陰民人田君求年八十歲子
一孫七人曾孫八人元孫二人五世同堂

採訪事實乾隆五十七年諸暨人楊輝山年九十九歲耳
目步履無異少壯生子一瑞玖年七十二孫三人曾孫七
人元孫二人五世同堂

採訪事實明會稽歲貢徐成壽八十六妻嚴氏壽百四歲幼子存忠亦歲貢年七十八妻范氏壽百歲姑
孝冬月抱足而寢亦壽九十六未
旌姑附于此

（明）許東望修　（明）張天復、柳文纂

【嘉靖】山陰縣志

明嘉靖三十年（1551）刻本

災祥

漢永建六年彗星出于斗牽牛是年海賊浮于會稽

熹平元年十月熒惑入南斗十斗爲吴越分是歲會

稽許昭等聚衆自稱大將軍攻破郡縣

魏正始元年十月乙酉彗星見長二丈拂牽牛犯太

白是歲越大喪

晉太康四年壬辰境內蟹化爲鼠食稻幾盡

義熙三年戊申若耶山有五色雲見是年丁未山陰地陷方四丈有聲如雷

大和元年六月火燒山陰倉米數百萬斛居民數千家

三年遣縣倉得二大船船內並實以錢鑿者馳白官司遣人防守甚嚴且發之船中竟空惟錢跡而已

唐天寶三年乙酉山陰移風鄉產蝙灰後柳宗元因蝙蝠獻圖作

頌曰臣某等今日內出浙東觀察使賫金牌進
越州山陰縣移風鄉產瑞瓜二實同蒂圖示百
寮者寶祚維新嘉瑞來應式彰聖化克表天心
臣某等誠慶誠忭頓首頓首伏維皇帝陛下深
合太和緝熙黎庶馨香上達淳化旁行嘉瓜發
瑞來自侯服寶惟同蒂見車書之永均地則移
風知化育之方始雖七月而食豳土歌王業之
艱五色稱珍東陵詠嘉瓜之會未聞感通若斯
昭著者也臣某等遭逢聖運親仰珍圖
忻蹈之誠倍百恒品無任慶忭之至

大曆二年水灾

貞元二十一年夏鏡湖竭山崩

元和十二年水害稼

咸通元年乙卯夏六月有星隕境內光燭天餘獻
如蛇

梁大同三年歲星掩建星是年會稽山賊起
宋咸平二年三月竹生米如稻民採食之
景祐四年八月大水漂溺民居
政和五年十一月承天寺瑞竹一竿七枝枝幹相
同其葉圓細生花結實
宣和元年十一月大水災
紹興元年大饑疫冬大火
三年水害稼
五年五月水災
十八年大水

十九年大饑
二十年大水流民廬舍淹没者數百人
隆興元年八月大風水災
乾道四年七月大水
慶元三年九月水害稼
嘉定二年境内大水漂民居五萬餘家壞民田十
萬餘畝
六年水災
九年大水没田廬害稼
十五年大水衢婺徽嚴暴流與江濤合圯田廬害

稼

元

元統元年癸酉境內自正月不雨至秋七月

至元二十年境內大疫

二十六年臥龍山裂

國朝

洪武二十六年癸酉閏六月大風海潮漲溢漂流廬舍並海居民伏屍蔽野

成化三年丁亥村落間李生桃實民訛言

九年癸巳板橋村徐堅家生一犢兩首兩尾八足

十二年丙申芥生荷花是歲十二月蓬萊坊馬氏生子四手

十三年丁酉春村落李樹生梔是歲隆興橋范某家杏樹開花四種夏六月大風海水溢害稼福嚴夏瑄家庭中血濺地上高可二尺廣三尋有司聞于朝遣官致祭南鎮以禳之

十七年癸卯民間訛言有黑眚自杭州至閭里皆驚逾月而息

十八年地震

正德元年民間驚有怪物夜入人家爲妖彌月不止其實旱魃也

二年颶風大作海水漲溢頃刻高數丈許並海居

民漂没男女枕藉以死者萬計苗穗淹溺歲大

歉

嘉靖三年二月地震大歉米斗一錢四分

十八年夏四月有魚涸于海際數拾餘民操其肉

啖之獲異物如黿狀不閱月大水衢嚴暴流

與江濤合决堤灌于河倏入城高丈餘並海居

民淹没伏屍蔽野

二十一年八月天裂有光如電

縣椽王廷臣書縣學盧刻

【康熙】山陰縣志

（清）高登先修　（清）沈麟趾、單國驥等纂

民國鈔本

山陰縣志卷第九

災祥志

（補）李文靖曰以四方水旱盜賊闡明乎災異之不可不畏也譬如一室之内犬無故而嘷雞無故而鳴主家者有不爲之恐懼耶故有民社之責者惟先災而知備遇災而知儆後災而知救斯有災而可以無害矣祥者多畧而不書非畧也亦所以遠諂爾

（漢）永建六年彗星出於斗牵牛是年有海賊艤舟寇

會稽

熹平元年十月熒惑入南斗斗為吳越分是歲會稽許昭等聚衆自稱大將軍攻破郡縣

（魏）正始元年十月乙酉彗星見長二丈拂牽牛犯太白是歲越大喪

（晉）太康四年壬辰境内蟹化為鼠食稻幾盡

義熙二年丁未地陷方四丈有聲如雷

三年戊申若耶山有五色雲見

太和元年六月火燒山陰倉米數百萬斛居民數

千家

三年造縣倉得二大船船內並寶以錢鑿者

馳白官守暮遣人防守甚嚴旦發之船中竟

空惟錢跡而已

(唐)

天寶三年乙酉山陰移風鄉產瑞瓜柳宗元因出

瑞瓜圖作頌曰臣某等今日內出浙東觀察使賈

全所進越州山陰縣移風鄉產瑞瓜二實同蒂圖

示百寮者寶祚維新嘉瑞來應式彰聖化克表天

心臣某等誠慶誠賀稽首頓首伏維皇帝陛下保

合太和緝熙黎庶馨香上達淳化旁竹嘉瓜發瑞
來自侯服質唯同蒂見車馬之永均地則移風知
化育之方始雖七月而食滋土歌王業之難五色
稱珍東陵詠嘉瓜之會未聞感通若斯昭著者也
臣某等遭逢聖運親仰珍圖忻蹈之誠倍百恒品
無任慶悦之至

大曆二年水災

貞元二十一年夏鏡湖竭山崩

元和十二年水害稼

咸通元年乙卯夏六月有星隕境内光起丈餘狀如蛇

（梁）大同三年歲星掩建星是年會稽山賊起

（宋）咸平二年竹生米如稲民採食之

景祐四年八月大水漂溺民居

政和五年十一月承天寺瑞竹一竿七枝枝幹相同其葉圓細生花結實

宣和元年十一月大水災

紹興元年大饑疫冬大火

三年水害稼
五年五月水災
十八年大水
十九年大饑
二十年大水流民廬舍淹没者數百人
隆興元年八月大風水災
乾道四年七月大水
慶元三年九月水害稼
嘉定二年境内大水漂民居五萬餘家壞民田十

十字疑衍

十萬餘畝

六年水災

九年大水没田廬害稼

十五年大水衝婺徽嚴暴流與江濤合圯田

廬害稼

(元)元統元年癸酉境内自正月不雨至秋七月

至元二十年境内大疫

二十六年卧龍山裂

(明)洪武二十六年癸酉閏六月大風海潮漲溢漂流

廬舍居民伏屍蔽野

三十二年大水

景泰七年五月大水

天順四年四月大水

成化三年丁亥村落閭李生桃寶民訛言

九年癸巳板橋村徐堅家生一犢兩首兩尾

八足

十二年丙申芥生荷花是歲十二月蓬萊坊

馬氏生子四手

十三年春丁酉春村落李樹生梔是歲隆興橋范家店杏實開花四種夏六月大風海水溢害稼福嚴夏瑄家庭中血濺地上高可二尺廣二尋有司聞于朝遣官致祭南鎮以禳之

十七年癸卯民間訛言有黑眚自杭州至紹閭里皆驚逾月而息

弘治十八年地大震

正德元年民間驚有怪物夜入人家為妖彌月不止其實旱魃也

三年大旱

七年七月颶風大作海水漲溢頃刻高數丈許並海居民漂没男女枕藉以死者萬計苗穗淹溺歲大歉

十六年二月地震

嘉靖元年二月府署火東廊黄册庫儀仗庫俱燬十月又火西廊燬

三年二月地震大歉斗米一錢四分

十八年夏四月有魚涸于海隙數十餘民採

其南峽之獲異物如龜狀不閲月大水衝嬰
嚴暴流于江濤合決堤灌于河倏入城高丈
餘並海居民淹没伏屍蔽野
二十一年八月天裂有光如電
二十三年夏大旱湖盡涸為赤地斗米二錢
二十五年春謝鴂民家生一犢二首二尾八
足
三十一年春村落有血濺於地高數尺是年
倭兵入寇殺人以千計

三十三年十一月倭寇犯縣境我兵圍困於化人壇獲其渠醜百三十七人盡殺之是時倭寇由諸暨突入境內獲土人姚長子爲嚮導穿其肘以行長子乃紿之他往大呼鄉人曰某某引賊入絶地我兵困之可悉就擒某死甘心矣後果困賊于化人壇壇四面皆水賊以是敗姚長子死之鄉人立祠于柯亭張侯祠旁祀之

三十九年二月地大震

四十一年夏天裂有光如電

四十二年臥龍山鳴

隆慶二年元旦晝大風室廬皆震是日縣災浹旬

虎入郡城宿蕺山徙明真觀道士曉開戶攫
傷之遂去千秋巷為諸丐所斃
萬曆十二年甲申九月城隍下殿盡燬
十六年戊子大饑斗米三錢莩民載道
二十五年丁酉紹興府大堂盡燬
二十八年庚子大饑斗米二伯錢死者無算
二十九年辛丑正月十六日夜卧龍山上城
隍廟火起殿宇并星宿閣俱燬火光照耀滿
城如同白日

三十年壬寅七月二十三日海風大發巨浪
直衝內地石梁漂去里許方沉倒壞民居淹
溺者不可勝計
四十八年己未四月二十一日大雪是年饑
崩天上龍見
天啓元年辛酉卧龍山發洪水
五年乙酉大旱
六年丙寅六月初一日東方五色雲見
崇禎元年戊辰七月二十三日午後大風雨海水

大溢街内行舟沿海居民溺死者以萬計又次年八月初九日大水較元年更增五寸許
九年丙子七月龍尾見觀者如堵十一月二十六日戌時地震
十三年庚辰有蝗從西北來不雨者四月米價騰貴
十四年辛巳至癸未年連年大旱又連年桃李冬花正月大雪經旬米價每斗三錢五分至十二日貧民争入富家搶米有司力禁始

息十月辛卯朔日食既星斗晝見
十七年甲申野羊入城由偏門來
乙酉年六月太白晝見閏六月初八日夜有
流星如月大小相隨光芒甚白不數日兵起
統萬曆至崇禎年間四十三都俞姓一家父
子夫妻百歲父俞概百歲母鮑氏九十九歲子俞仕朝九十八歲婦韓氏一百四歲
大清順治三年丙戌六月初一日大兵破越前太白
經天六月十一日星隕如雨又大旱自夏至

秋皆赤

四年丁亥生羊三足前二後一豢于江橋張

神殿羊大且肥人不敢食

五年戊子山海多嘯聚名曰白頭兵焚掠各

鄉村不絶

七年庚寅大饑

十二年乙未大氷次年大旱

十六年己亥虎至西郭門外山有虎亂計傷

百餘人

十八年辛丑六月天裂有光
康熙二年癸卯竇盆陳姓婦生四子微見鱗甲
五年丙午六月十五日夜半天裂有光
七年戊申六月十七日戌時地震又夏秋間
遍地生白毛狀似馬鬣長短不一
九年庚戌正月二十八日夜大雪忽有聲如
雷有光如電五六月大水低田禾盡壞七月
初二日雨雹十二月初三日大風連日冰凍
不通十四日起連雪十餘日雪高數尺

十年四月二十五日江橋火起延燒七十餘家同朝三狀元牌坊燬五月單港産豕十二皆四耳六七月大旱湖水盡涸

災祥志終

（清）徐元梅修　（清）朱文翰等纂

【嘉慶】山陰縣志

清嘉慶八年（1803）刻民國二十五年（1936）紹興縣修志委員會鉛印本

政事志第三之七

通鑑一書不書符瑞蓋以春秋爲法且撟省夫貪治之稱而慎之也夫休徵吉卜獨應禎符之理非不著之於經以寓勸勉至於西漢白麟赤雁芝房寶鼎之歌神雀五鳳甘露黃龍之紀漸涉矜夸其後讖記天書淺多誣妄宋祥符之際芝產潤碧鑿谷開四方上告者以萬數不適以貽笑而失政體乎李沆爲相日以四方水旱盜賊之事上聞曰人主當知四方之艱難區區所以報國者在此至哉儒者之言茲仍前志舊文述災祥一卷災異之萌足以恐懼修省故備錄焉而削去晉義熙三年耆耶山五色雲見及唐天寶三年移風鄉產瑞瓜宋政和五年承天寺瑞竹明天啓六年東方五色雲見等凡四條（太平御覽以五色雲列於符徵）以盛世所寶以爲瑞者不在此也至若載星變三條乃據分野以言徵應案分野所包甚廣茲志不立分野一門所以別於府志通志故天象星占亦未敢侈陳也（晉書天文志始析言某郡某度如會稽郡入牛一度是也然以一度計之已二千九百三十二里則一縣所值之度無幾矣）其易名曰禨祥者禨亦祥也祥者徐鉉云吉凶之兆孔穎達云善惡之徵蓋舊文爲對舉茲第命以統辭云

晉太康四年蟨蜞及蟹皆化爲鼠甚衆大食稻（晉書）

太和元年六月火燒倉米數百萬斛居民數千家（舊志）

太和中山陰縣起倉鑿地得兩大船滿中錢皆輪文大形至明旦失錢所在惟有船存（晉書宋書志）

（在太和三年）

義熙三年地陷方四丈有聲如雷（府志）八年春三月壬寅地陷方四丈（通志）

唐大歷二年水災（舊志）

貞元二十一年夏鏡湖水竭（唐書）山崩（舊志）

元和十二年水害稼（唐書）

咸通元年有星隕於山陰（府志）

乾甯元年有星隕後有光起丈餘狀如蛇（唐書）

宋咸平二年竹生米如稻民採食之（縣志）

景祐四年八月大水壞民居（府志）

宣和元年十一月大水災（舊志）

紹興元年大饑（舊志）冬大火（宋史）是年疫（府志）三年水害稼五年五月水災十八年大水十九年大饑

二十年大水流民廬舍淹沒者數百人（舊志）二十三年大饑（府志）

隆興元年八月大風水大饑（宋史）

乾道四年七月大水（舊志）

紹熙五年鑑湖竭（府志）

慶元三年九月水害稼（舊志）

嘉定二年大水漂民居五萬餘家壞田十萬餘畝（舊志）四年海水敗堤漂田四十里斥地十萬畝（宋史）六年水災九年大水沒田廬害稼十五年衢婺徽嚴暴流與江濤合氾濫於境內圯田廬害稼（舊志）

元至元二十年大疫（府志）

元統元年境內自正月不雨至秋七月（舊志）

至正二十年二十二年大疫（舊志）二十六年臥龍山裂（舊志）

明洪武二十六年閏六月大風海溢漂流廬舍居民伏屍蔽野（舊志）二十八年天樂瀛湖塘掘一物類小兒臂紅潤如生或云肉芝也食之延年（府志）

建文二年大水（舊志）

景泰七年五月大水（舊志）

天順四年四五月陰雨連綿江河泛溢麥禾俱傷明實錄
成化三年村落間李生桃實民訛言九年板橋村徐堅家生一犢兩首兩尾八足十二年芥生
荷花十二月蓬萊坊馬氏生子四手十三年春村落李樹生梔是歲隆興橋范家店杏實開花
四穫夏六月大風海水溢害稼驅殘夏璉家庭中血濺地上高可二尺廣二尋有司聞於朝遣
官致祭南鎮以禳之十七年民間訛言有黑眚自杭至紹閭里皆驚踰月而息府志
宏治九年六月山陰蕭山同日大雨山崩溺死三百餘人明史十八年地大震府志
正德元年民間驚有怪物夜入人家爲妖彌月不止實旱魃也三年大旱七年七月颶風大作
海水漲溢頃刻高數丈許並海居民漂沒男女枕藉以死者萬計苗穗淹溺歲大歉府志十六年
二月地震府志
嘉靖元年府署東廊贓册庫儀仗庫俱燬十月西廊燬三年二月地震大歉斗米一錢四分十
八年夏四月有魚涸於海際數十餘民採其肉啖之獲異物如貆狀不閱月大水衝婺殿暴流
與江潮合決堤灌於河倏入城高丈餘並海居民淹沒伏屍蔽野二十一年八月天裂有光如
電二十三年夏大旱湖蕩涸爲赤地斗米銀二錢二十五年春謝墺民家生一犢二首二尾八
足三十一年春村落有血濺於地高數尺是年倭兵入寇三十九年二月地大震四十一年夏

天裂有光如電四十二年臥龍山鳴（舊志）

隆慶二年元旦甚大風室廬皆震是日縣災浹旬虎入郡城宿蕺山徙明眞觀道士曉開戶攫傷之遂至千秋巷爲諸丐所斃（舊志）

萬歷十四年王文英舉鄉飲大賓年九十三歲五代同堂賜額曰人瑞（府志）十五年自秋雨至冬至始晴大饑十六年淫雨疫癘交作（府志）大饑斗米銀三錢孳民截道二十五年紹興府大堂燹燬（舊志）二十八年大饑殍死無算（府志）三十年七月二十三日海風大發巨浪直衝內地石梁漂去里許方沉倒壞民居流溺者不可勝計四十八年四月二十一日大雪（舊志）

天啓元年臥龍山發洪水五年大旱（舊志）

崇禎元年七月二十三日午後大風雨海水大溢街市行舟沿海居民溺死者以萬計二年八月初九日大水較元年增五寸許九年十一月二十六日戌時地震十三年有蝗從西北來不雨者四月米價騰貴十四年至十六年癸未俱大旱連年桃李冬花正月大雪經旬斗米三錢五分十月辛卯朔日食既見星統萬歷至崇禎年間俞姓一家父子夫妻百歲（俞椒百歲妻鮑氏九十九歲子俞仕觀九十八歲婦陳氏一百四歲舊志）

國朝順治二年時紹興未入版圖夏六月太白晝見初八日夜有流星如月大小相隨光芒甚

白三年六月朔日大兵臨府城士民嚮化(府志)六月十一日星隕如雨又大旱(郡志)八月初一日大風拔木海溢禾稼淹腐四年民家羊生羔三足前二後一祭於江橋張神廟人不敢宰食(府志)五年山海多嘯叅七年大饑十二年大冰十三年大旱十六年虎至西郭門外山中虎亂計傷百餘人十八年六月天裂有光(舊志)

康熙二年寶盆陳姓婦生四子微見鱗甲(舊志)三年八月大水(府志)五年六月十五日夜半天裂有光七年六月十七日戌時地震三十日又震又夏秋間遍地生白毛狀似馬鬃長短不一九年正月二十八日夜大雪忽有聲如雷有光如電五六月大水低田禾盡壞七月初二日雨雹十二月初三日大風連日冰凍不通十四日起連雪十餘日雪高數尺十年四月二十五日江橋火起延燒七十餘家同朝三狀元牌坊燬五月單港產豕十二皆四耳六七月大旱湖水盡涸十九年冬大雪浹旬積至丈餘山民難於出入凍餓載道二十一年夏淫雨兩月海塘倒壞海水冲入低田大歉二十二年春雨連綿至八十日小麥全枯夏月瘟疫流行四十四年四月聖祖仁皇帝南巡至杭州縣民王錫元錫魁錫爵錫職錫則皆同母生龐眉皓髮跪伏道旁恭迎聖駕問其年錫元與錫魁孿生俱八十歲錫爵等三人各七十餘歲五人之婦皆結髮齊眉其家有女弟二人亦年近八十與其夫偕老合夫婦十四人壽逾一千七十餘歲御書一門人瑞

四字以旌其閭舊志五十八年縣民除允祿一百歲府志

乾隆十年縣民胡乾妻俞氏一百歲十六年高宗純皇帝奉孝聖憲皇太后南巡縣民陳法周妻王氏渡錢塘江接駕欽皇太后賜克食純皇帝賜銀牌二面至三十年氏一百歲巡撫具題奉旨賜坊額粟帛府志三十三年陳廷槐年踰百歲申請旌表縣冊四十一年金達先百歲申請旌表四十七年平士植之妻陶氏年百有一歲子二紅辛酉舉人爔諸生孫二鑾壎監生鑾垣庚子舉人曾孫六人元孫一人禮部具題給與貞壽之門字樣奉旨加恩賞給上用緞一疋銀十兩四十五年朱滿顯一百歲申請旌表五十五年捐職從九品施楷年八十九歲子三人孫七人曾孫十四歲元孫四歲五世同堂五十五年正茂源五世同堂申請旌表三十七年縣民田君求年八十歲子一人孫七人曾孫八人元孫二人五世同堂府志

嘉慶四年前萬村孔毓傑妻孫氏年百歲孫繼祖等呈請旌表給與貞壽之門字樣支款建坊呈報

右禨祥

嘉慶山陰縣志卷二十五終

(清)王蓉坡、沈墨莊纂

【道光】會稽縣志稿

民國二十五年(1936)紹興縣修志委員會鉛印本

災異志

〔唐〕

貞觀二十二年戊申大水

神龍二年天雨毛

開元十七年八月丙寅大水

貞元二十二年鑑湖竭

元和十二年水害稼

太和二年大水海溢

開成四年大旱

大中十三年地震

咸通元年有異鳥極大四目三足自呼曰羅（占書曰主國有兵人相食）無何有狗生而不能吠擊之無聲（按狗職吠以守類其不能者象鎮守有不能禦寇之占也）

〔五代〕〔晉〕

天福中兒童聚戲率以趙字爲語助如晉得曰趙得可曰趙可相語無不然晉末趙延壽貴人將爲其應讖延壽敗諸晉轉盛及宋太祖代周人始悟焉

〔宋〕

至道元年有白鸜鵒

咸平二年筋竹生米如稻歲饑

天禧中夏夜暴風震電而無雨空中有人馬聲終夜方息明日禹廟人言是夜二鼓殿門關鎖忽擊開風遂自殿中起直西南去遣人驗之百里間林木稼禾皆偃仆

景祐四年大水

嘉祐六年淫雨爲災

熙甯八年旱饑民疫

元祐八年大風海溢害稼

政和二年十一月民拾生金

宣和六年大雨水溢民多流移

紹興元年牛戴刀突入城中觸馬裂腹出腸時衛卒多犯禁屠牛牛受刃而逸近牛禍也是年

二月雨雹震電十月民間大火十二月火災復作時高宗駐蹕於越部署文移多焚於火民多饑疫　二年荐饑斗米千錢人食草木　五年旱久大暑人多渴死秋七月海溢害稼九年十年水旱相仍民飢仰哺於官者甚衆賑之不給死者過半　十八年大水　二十八年大風水平江　二十九年旱蝗饑　三十年螟害稼

隆興元年水溢傷稼繼以旱蝗民大饑

乾道元年三月盛寒蠶麥損敗民饑疫死　二年春夏淫雨蠶麥不登　三年秋淫雨蟲生害稼五穀多腐　四年大水　九年旱民饑疫

淳熙元年海濤淡合激爲大水決江岸壞民廬溺死者甚衆　二年秋旱　三年五月積雨損禾麥　七年大旱饑　八年大旱既而淫雨水溢壞民居荐饑　十年淫雨大水

紹熙三年四月淫雨至於五月　四年七月大風驅海潮壞隄傷田稼夏無麥　五年冬旱鑑湖竭

慶元元年饑　二年大水颶風夏寒　四年饑　五年六月淫雨至八月

嘉泰二年蝗　四年越人盛歌鐵彈子白塔湖曲冬果有盜金十一者號鐵彈子起爲亂相傳鬬死白塔湖中後獲於諸暨始就戮

嘉定三年六月水壞田廬八月大風壞攢宮陵殿宮牆六十餘所陵木三千餘章　六年六月

夏寒雨雹害稼　九年大水蝗生　十年旱　十五年淫雨爲災

寶慶元年四月雨雹

嘉熙四年旱荐饑

景定三年螟　五年大水

咸淳七年大風拔木

〔元〕

至元三年二月大水　九年六月水　十八年饑　二十六年大水

元貞二年水

大德三年旱　六年旱饑　十一年大饑

至大元年春疫

泰定元年旱饑

至順元年水

元統元年夏旱

至元三年大饑

至正三年旱　十二年旱　十四年十二月己酉地震　二十年夏大疫　二十二年又大疫

〔明〕

洪武二十六年閏六月大風海溢壞田廬　三十二年二月初九日地震

永樂十三年旱

景泰五年十二月大雪至二月乃霽　七年夏五月淫雨傷苗是秋淫雨腐禾歲饑

天順元年旱饑　五年夏五月淫雨傷苗　八年冬十二月地震

成化八年秋七月十七日夜大風雨拔木海溢漂廬舍傷苗瀕海男女溺死者甚衆　九年竹生米　十二年春大風雨雹大饑　十三年春瓜山大裂夏六月大風雨海溢秋七月醴生　十九年癸卯民訛言有黑眚至於杭閃果皆驚逾月乃息

宏治元年大饑　二年饑　四年饑　七年秋七月海溢　十三年民間訛言詔選女子一時嫁娶殆盡　十八年九月十二日地震生白毛

正德元年夏旱饑　三年夏大旱民訛言黑眚出　七年海潮溢入壞民居瀕海男女溺死者

甚衆

嘉靖二年旱饑　三年大旱　十三年秋七月颶風淫雨壞廬舍傷稼寡收　十八年大水

十九年夏蝗　二十四年大旱饑斗米値銀錢有八分

三十四年有物方長如一尺離飛空中映日作金色數騰逐逐之時繫獄者劉朝宗見之祝曰如祥也則墜此已而果墜獄中則吳之草席也禁卒持白於官（時知縣者爲古文炳）命祝藏之夏倭寇失舶於海者自東關入止三十七人轉戰無前以失路陷皋埠水澤知府劉錫率衆出戰沮越一夕縛舟以遁卒殲於常州之五水鄉　三十五年倭失舶者八十餘徒亦自東關所過焚殺卒殲於龕山

隆慶二年元旦晝大風屋瓦爲飛縣塔折一巨柏城中數災已而民復訛言詔選女子數夕內嫁娶殆盡存有虎入城中宿蕺山徒明眞觀道士曉開戶攫傷之衆譁逐走千秋巷匿廁中爲諸丐所斃

萬歷元年夏民馬柱家產豕雙首行輒仆明年秋丐家產豕六足而兩爲人手（以上萬歷縣志）　十二年九月府城隍下殿檻燬　十六年大饑斗米銀三錢孝民戴道婦女有好飾而餓死者

二十五年紹興府縣事廳燬　二十八年大饑斗米錢二百文民多餓死　二十九年正月

十六日夜臥龍山上城隍廟火起殿宇幷星宿閣俱燬火光照耀滿城赤如白日　三十七年七月二十三日海發颶風塘壞浪衝城內衢砌石梁漂去里許方沉沒人民淹溺無算

四十七年橫街連芳牌火起焚百餘家　四十八年四月二十一日大雪天邊龍見

天啓元年臥龍山發洪　五年乙丑大旱民饑

崇禎元年七月二十三日午後大風飄瓦吹倒石坊雨三日海水大溢街可行舟沿海居民溺死者數萬　二年八月初九日大雨水壞田禾民饑　九年七月龍見觀者如堵十一月二十七日戌時地震　十三年有蝗從西北來不雨者四月米價騰貴十四年正月大雪經旬斗米三錢貧民爭入富家攫米有司力禁始息各坊都紳士捐米賑恤夏秋旱　十五年復大旱連年桃李冬花民饑以上康熙志

國朝順治二年時紹興未入版圖夏六月太白晝見初八日夜有流星如月大小相隨光芒甚白　三年六月朔大兵臨府城士民嚮化府志　六月旱　七年饑　十六年虎至西郭門傷人俱康熙志　十八年六月天裂有光山陰縣志

康熙三年八月大水　七年六月十七日戌時地震三十日又震夏秋間徧地生白毛狀似馬鬃府志　八年七月初二日雨雹康熙志案府志作九年七月初二日　九年正月二十八日夜大雪忽有聲如

雷有光如電五六月大水低田禾盡壞十二月初三日大風連日冰凍不通十四日起連雪十餘日雪高數尺 十年六七月大旱湖水盡涸府志 十三年七月山寇泊五雲門知府許宋勳率衆擒殺之山寇悉平康熙志 十九年冬大雪浹旬積至丈餘山民雖於出入凍餓斃道府志 二十一年淫雨五月不止大水衝決西江塘禾苗盡沒恩赦稅糧有差康熙志 二十二年春雨連綿至八十日小麥全枯夏瘟疫流行府志 二十九年秋七月二十二日大雨知府李鐸念亢陽之後必有淫潦遂不拔水則令所司開三江閘稍放水三尺二十四日果淫雨至八月初三日止幸閘水流通廬舍田禾得保無害府志

乾隆二十三年八月風潮沖壞城垣府志

嘉慶元年冬大冰雪大木多凍死 二十一年春三月十一日酉時大雨雹

道光元年夏疫 十五年夏大旱 十九年十二月晦雷電 二十一年冬十一月大雪積至數尺 二十二年七月初一日申刻日食有祲氣自西而東頃刻瀰漫白晝如夜約二刻許始復明朗 二十三年秋八月初八日大雨如注一晝夜不止曹娥江塘衝決河水驟高丈許近曹江一帶田廬漂沒無算 二十六年夏民家雞翼無故被剪民訛言有祟訾比戶鳴金徹旦不寐匝月乃息六月十三日寅時地震以上邑報

【光緒】諸暨縣志

（清）陳遹聲修　（清）蔣鴻藻纂

清宣統二年（1910）刻本

諸暨縣志卷十八

災異志

史家志五行說昉於董仲舒劉向然事近術數語多傅會敘災推異頗難徵信而要其咨儆垂戒之意亦有未可盡廢者惟志一縣之災異必欲比附五行逐類而書之則又非誣卽瑣矣茲第據前志所記補輯墜遺而徵以所見所聞所傳聞案世代年月不分五行而以人瑞附於後

漢

漢安二年癸未有星隕於諸暨縣東北二十里化爲石萬曆府志

晉

太康元年庚子正月諸暨地震樓志作九年

大興元年戊寅三月諸暨地震

宋

元嘉二十四年丁亥七月乙卯木連理宋書符瑞志 揚州始興王濬以聞會稽太守羊元保請改連理所生處康亭村爲木連理村

大明元年丁酉二月己亥白鹿見會稽諸暨縣獲以獻宋書符瑞志

泰始六年庚戌阮佃夫勢傾朝野乘車常向一邊時人多慕效此亦貌不恭之失也宋書五行志

唐

神龍二年丙午諸暨縣治東五里木連理唐書五行志

天寶三載甲申長山產靈芝隆慶縣志

五載丙戌孝感里張氏墓側產芝草泉涌如醴

晉

天福二年丁酉縣治東二十五里文殊巖產芝數本泉出如醴

宋

咸平二年己亥閏二月箭竹生米如稻民飢採之充食

景祐元年甲戌大水漂溺民居萬曆府志

紹興元年辛亥大疫歲饑十二月民譌言月既望當火比戶相驚樞密院以軍法禁之乃定

五年乙卯五月大水

八年戊午大饑民食糟糠草木殍死殆盡

十九年己巳大饑

二十七年丁丑大水

二十八年戊寅大風

隆興元年癸未秋大風隆慶暨志螟傷稼萬曆府志

乾道元年乙酉春盛寒首種敗蠶麥損夏疫

四年戊子夏旱尙書汪應辰王希呂安定郡王趙子濤禱雨五洩龍見爪如人臂紅光射人隆慶曁志以爲仁宗景祐四年誤秋七月壬戌大水害稼宋史五行志淳史浩奏湖田米折耗

淳熙三年丙申旱萬曆府志

七年庚子大旱

八年辛丑夏五月大水流民舍敗隄岸腐禾稼宋史五行志

九年壬寅歲饑萬曆府志

十四年丁未秋大旱

紹熙四年癸丑夏四月霖雨至於五月壞圩田害鹽麥蔬稑

慶元三年丁巳大水害稼

嘉泰四年甲子民間盛歌鐵彈子白塔湖中曲冬有盜金十一者號鐵彈子起爲亂已而伏誅曁志

開禧元年乙丑夏旱萬曆府志

二年丙寅無麥

嘉定三年庚午夏五月大雨水壞田廬市郭首種皆腐宋史五行志

五年壬申夏六月丁丑大水壞田廬萬曆府志

六年癸酉夏六月戊子風雷蛟水暴發漂十鄉田廬溺水者甚衆宋史五行志

九年丙子大水萬曆府志

十五年壬午衢婺徽嚴暴流與江濤合氾濫及邑境圯田廬害稼

嘉熙四年庚子邑大饑

淳祐二年壬寅夏旱縣令趙希恪禱雨五洩東潭龍見一角而雨

八年戊申秋大水詔除湖田租

寶祐四年丙辰秋大水詔除田租

咸淳七年辛未夏五月甲申大水漂廬舍（宋史五行志）五六月丙申大風

雨雹發米賑諸暨縣遭水家免湖田租（宋史度宗本紀）

八年壬申秋八月大水十月除免田租（萬歷府志）

十年甲戌夏四月水大風（浙東安撫使常楙賑銀做浙運民不乏食）

元

至元十八年辛巳大饑道殣相望

二十六年己丑春二月大水

二十九年壬辰大水（駱志）

元貞二年丙申大水（萬歷府志）

大德六年壬寅饑（樓志作元貞六年誤元貞無六年）

十年丙午饑大疫（章志）

十一年丁未蝗及境皆抱竹死（樓志作大德十二年誤大德無十二年）虎暴入城市

三日死城隍廟後萬曆府志

至大元年戊申疫章志

泰定元年甲子饑樓志

天歷二年己巳饑

至順元年庚午大水

元統元年癸酉自正月不雨至於七月萬曆府志

至元元年乙亥大旱饑樓志作元統三年者誤元統無三年

十二年壬辰旱

十三年癸巳冬十二月己酉地震樓志

十七年丁酉春三月袁彥貞家一雞伏五雛有四足二足在翼下不數日死輟耕錄

孝義鄉流子里吳銓家犬病蹌子銜食哺之及死埋山下有花開如鳳仙人呼孝犬又名桃花犬樓志

明

洪武四年辛亥春正月免諸暨縣水災田租明實錄

口年有白氣自東經天宋濂武功紀。占書見白氣者見敵之象

永樂十年壬辰學後小陶朱山產芝一本七莖隆慶騶志是年王鈺及第

二十一年癸卯江潮至楓溪

宣德二年丁未江潮至楓溪駱志大風萬曆府志

七年壬子大部鄉民家狐爲祟白晝火嘗自作狐震死始定

正統八年癸亥夏淫雨害稼樓志

景泰七年丙子春長山產芝浙江通志秋白鸛鵠止縣舍駱志

成化三年丁亥冬桃李花萬曆府志

七年辛卯秋大雨水害稼乾隆府志

九年癸巳大水嘉靖浙江通志是年八月浙江巡撫劉敷奏諸暨被水田畝稅糧所宜蠲免從之

十一年乙未巖坑地裂萬曆府志

十二年丙申秋大雨害稼樓志

十八年壬寅大風萬曆府志江潮至楓溪驛志

十九年癸卯民訛言有黑眚萬曆府志鬧里巷夜驚奔逾月乃息

二十三年丁未大旱樓志

宏治三年庚戌民訛言詔選女子一時嫁娶殆盡萬曆府志

十七年甲子大風江潮至楓溪樓志

十八年乙丑冬雨木冰萬曆府志

正德二年丁卯冬桃李花有實者

三年戊辰旱樓志

七年壬申秋大雨害稼樓志

十三年戊寅十九都楊氏妻產狐

十四年己卯西隅鄭暖家母雞尾忽長二三尺如綿綏冠羽黑色驪志故之長山郭氏女葬逾年發之色如生髮落更生新髮爪長數寸苧蘿山稿

嘉靖二年癸未水乾隆府志

五年丙戌旱樓志十二都孟氏家產人一日一尾隆慶驪志

六年丁亥蝗飛蔽天章志

八年己丑水萬曆府志

十年辛卯大風萬曆府志江潮至楓溪樓志

十三年甲午秋七月浣江漲水入城中平地深一丈萬曆府志

十八年己亥大水樓志

十九年庚子夏蝗冬無雪驪志

二十年辛丑夏蝗邑城南隅張氏妻一產四男浙江通志陳姓妻馮氏

忽生角十餘莖長二寸續辛東集婺南鄉徐氏牛一產三犢萬曆府志

二十一年壬寅一士人家火自發騶志

二十二年癸卯楓橋民訛言一夜走竄略盡萬曆府志

二十三年甲辰清明雨雹大如斗傷麥

二十四年乙巳大旱斗米銀二錢

二十九年庚戌狐入縣署變人形能語言知縣王陳策磔之

三十年辛亥秋有虎暴入城

三十三年甲寅楓橋民獲青羊騶志夏旱萬曆府志

三十四年乙卯大風騶志

三十七年戊午民間訛言有眚男女戒備夜不敢寢

四十二年癸亥邑城士人家火自發三月餘始息騶志

四十五年丙寅大水漂民居乾隆府志

隆慶元年丁卯袁氏妻一產三男浙江通志雞冠山阻石大如屋至地
陷爲池復踊過溪乃止萬曆府志浣江潭石忽有文曰戊辰大旱康熙志
二年戊辰春正月朔城南火延燒百餘家萬曆府志旱知縣梁子琦禱
雨雞冠山得蜥蜴越日雨建蜥蜴亭於江東隆慶驛志梁子琦禱雨雞冠山見蜥蜴人
日龍也迎至大雄寺梁力拔行少卻忽堂隅大雷碁震屋瓦若解梁急走拜明日雨建亭於坡東半里名曰靈雨民譌言
詔選女子婚配略盡如宏治時康熙志
三年己巳春正月長山夜見火光長數十丈隆慶驛志珠嶺民邵氏養
蠶力不能喂棄之山中後皆成繭浙江通志夏水詔免存留錢糧王圻續文
獻通考
四年庚午大雨成災驛志當大雨時颶橋二男子偶語屋中雷火忽起二男子擊死一婦六亦死五月蘇豐
江周氏妻一產三男浙江通志
萬曆二十年壬辰大水據張鳳儀重刊驛志序補

二十四年丙申冬雪連旬積丈許人民凍餓鳥畜多死章志

二十五年丁酉秋九月雷震城裂數丈

二十六年戊戌箭竹生米每節一粒民採食之呼爲箭米浙江通志除夕楓橋樓氏有狐祟鎮羊壩樓樓雄夫婦與一乳媼一小兒一婢同寢一室至夜分乳母見一人紗帽紅衣手執銅鏡向乳母奪兒不予因之乳母嚶嚶夫婦與婢俱昏迷及蘇聞有腥氣五年前其同宅者一母二女同臥亦被昏迷而二女竟死亦有腥氣人疑狐爲祟

二十九年辛丑伏中霖雨十日章志城西姜氏妻產子朗咬其母死子亦旋亡乾隆府志

三十年壬寅天碉鄉婦姙十五月產子鬚髮俱白不乳死樓志

三十一年癸卯六月大雷飛雪人復衣棉章志

三十二年甲辰冬十月八日夜分地震

三十三年乙巳春三月十八日天明已久而復晦

三十五年丁未夏五月至六月霖雨不止閏六月山鄉出蛟淇水泛溢溺人無算浙江通志

三十六年戊申霪雨七晝夜大水害稼乾隆府志

四十年壬子夏五月十二日黑霧迷天冒行者即疫茄腫必斃章志

四十三年乙卯夏六月七日虹見於西方暴雨大水腐不樓志

四十五年丁巳夏六月六日午時雹雷驟作害稼殺牛羊無算

四十六年戊午自二月至五月雨不止歲饑章志

四十七年己未大水濒江民多淹死樓志作四十八年誤

天啓元年辛酉蔣氏妾産一女未幾變爲男旣復變爲女後嫁共孕一子而死二十一都王氏妾生女有兩陰月餘死乾隆府志城中徐姓姆雞變雄家以爲瑞無何數口盡死章志

五年乙丑大旱乾隆府志

七年丁卯五月大雨東城外諸山廟圮（章志）六十一都岳駐山崩衝蛟響塔石忽燃經時始滅（樓志）

崇禎元年戊辰七月二十三日大風雨拔木揚沙自辰至未水深十餘丈堙廬盡壞湖鄉居民溺死千餘人（新志）

三年庚午白虹貫日曉星下復有一星（此星至乙酉歲始滅）

五年壬申夏六月夜晴月忽無光至曉不復

九年丙子大旱附二都趙氏池內產五色蓮每日入時赤光灼天西方尤烱

十二年己卯春正月大雪沒湖秋風蝗蔽天（樓志）冬十月朔日食日中見斗牛羊雞犬相驚逐（新志）

十三年庚辰夏雨雹禾稼盡折擊傷牛羊無算（乾隆府志）六月大旱（新志）

秋大水斗米價五錢人食草木見地中白土呼為觀音粉爭食之

乾隆府志明史言是年饑負瀎音粉多腹痛枕藉以死

十四年辛巳飛蝗徧野斗米價千錢乾隆府志知縣錢世勛示民以火照水蝗赴水死者十之三四

十五年壬午江潮至楓溪新纂

十六年癸未大旱是年東陽許都倡亂巡按左光先使署知縣陳子龍說許都降蔣遊擊擊餘黨平之

國朝

順治七年庚寅冬十月朔日食既

九年壬辰大旱乾隆府志

十四年丁酉夏六月十九日大水漂廬舍衝田埂舊志

十八年辛丑大旱秋八月山賊楊四等搆亂新纂

康熙三年甲辰夏四月朔雨雹乾隆府志

八年己酉夏六月七日夜分地震秋八月地生白毛長四寸許舊志

九年庚戌夏六月大雨三晝夜不絶江水泛溢湖田盡淹冬十二
月大雪新纂
十年辛亥自五月至八月不雨
二十年辛酉夏五月甲午大雨二十餘日不止七十二湖埂盡決
二十一年壬戌三月十八日白晝晦冥狂飈拔木豆麥無遺種夏
大水城不没者三板章志
二十三年甲子夏五月大雨十七晝夜湖埂盡決六月旱秋七月
七日復雷雨蛟水發新纂
二十四年乙丑秋七月二十五日霪雨數日不止狂風拔木湖埂
盡決五十七都石硊山出牛頭龍八月十五日復大雨五十七都
遮山出蛟眞武殿後出蛟湖田盡淹
二十九年庚午秋災浙江通志

三十八年巳卯大水樓志

四十三年甲申秋災

五十一年壬辰風雨害稼浙江通志

五十五年丙申秋大旱

五十八年己亥夏五月朔海寧許伺書汝霖宿高湖楊前忽產芝三莖大觀堂文集

六十年辛丑秋旱樓志陳氏女生鬚十五六莖長寸餘分後壽至八十一歲胡序類記

雍正十一年癸丑秋田禾生小蟲歲儉浙江通志

十三年乙卯江東鶴溪書院前池所栽梨樹生花郭毓圃將刻其所著諸暨賢達傳市梨豐江截爲七段發池中忽一段生長尺九寸開十餘花粉紅素蘂彌月不凋新纂

乾隆五年庚申大水樓志

九年甲子大水

十六年辛未大旱歲饑民食觀音粉多死胡序類記

十七年壬申大水樓志

十八年癸酉大水

十九年甲戌四十都水口村宣氏四媳共產十子一產四男一產三男一產二男一產一男俱不育胡序類記

二十年乙亥大水新纂

二十一年丙子旱樓志

二十三年戊寅大水

二十六年辛巳大水

二十七年壬午大水

二十八年癸未大水

三十二年丁亥附二都金氏妻一產三男乾隆府志

三十三年戊子七十二都應氏妻一產三男

三十七年壬辰夏六月二十六日大風拔木沿山數十里倒屋壓壁無算胡序類記

三十八年癸巳夏五月十七日大水胡序類記

四十五年庚子秋七月十四日夜大雨山蛟發江水暴漲歲大饑俟採訪草

嘉慶七年壬戌夏旱禾槁傅懋林補訂縣志

十六年辛未秋八月彗星見於斗柄之北至十月杪始沒補訂縣志

二十五年庚辰春夏大旱秋八月大水山蛟並出湖埂盡決

道光元年辛巳夏四月五緯聚奎躔

三年癸未大水湖田盡災

六年丙戌夏大旱補訂採訪
八年戊子夏水秋蝗
九年己丑大水泌湖埂決
十二年壬辰秋九月大雪
十三年癸巳清明雪久旱大疫斗米銀六錢道殣相望十二都孟氏宗祠產芝孟郭美妻周氏一產三男孟士恆妻傅氏年四十二歲忽生鬚髯如丈夫
十八年戊戌秋八月水江東埂決
二十一年辛丑夏大水六月朔未刻日食既白晝如夜雞犬驚飛
二十三年癸卯春三月白氣亙天自西至東數十丈經月始滅
二十四年甲辰夏四月二日酉刻烈風雷雨冰雹如拳大木拔小麥淹

二十六年丙午夏六月二日日食既秋旱民譌言三脚貓爲祟民閒一時譌傳東鄉尤甚徹夜鳴鑼燃砲男女罕臥一室誦天蓬咒黃紙硃書[illegible][illegible][illegible][illegible]罡字貼窗戶閒以厭之月餘方定

二十七年丁未大雨雹傷稼

二十八年戊申大水

二十九年己酉夏五月大水百丈堧決湖田盡淹

三十年庚戌夏五月大水秋八月十二日戌時復大雨十三日晨蛟水大發湖堧盡決上鑊鋪山忽擘半峰去中鶴山雨厓存其一水退瀕湖居民數百家無以存活多挈少長流徙遠方棄子女嬰孩於陂塘水咽不流知縣劉書田請帑賑䘏民始更生

咸豐二年壬子大旱自春至冬不雨田禾盡槁夏五月二十四日戌時彗星見於西方

三年癸丑夏五月旱六月十七日驟雨七晝夜大水地震

四年甲寅夏四月三十五都楊明選妻黃氏產男具兩形背黏合怪而棄之五月大水百丈埂決（補訂縣志）

五年乙卯夏四月二十八日夜二更有星起東方經天有聲（補訂縣志）

八年戊午雞冠山鳴秋八月彗星見西方

十年庚申二月浮邱劉村應家塘水立高數尺知縣馮棆爲包立身設醮城隍廟忽有狗上屋徧走二十四鄉土地祠神座檐上逾時下不知所去

十一年辛酉春正月朔昧爽文廟大成殿正梁忽摧夏五月大水六月彗星見西方芒長八九丈至秋末始歛秋七月駐防兵忽患癲持刀斫傷邑廟神像八月朔日月合璧五星聯珠冬十二月二十八日大雪至三十日不止平地厚五尺人畜凍死

同治元年壬戌夏六月東安鄉馬西山水變爲血秋七月朔包村

陷殉難者逾十萬人九月梨樹花

二年癸亥春正月弧矢射天狼二月霪雨桑麥稻秧俱傷夏旱大疫冬除夕雷

三年甲子春正月三日螻蟈鳴十五日大雪秋冬無雨西安鄉馬塘湖晚禾一穗雙歧至數千百本孝義鄉琴絃岡吳邦康家雞生三足蔵里蔣景耀妻金氏一產三男

四年乙丑大水楓橋平地漲一二丈湖埂盡決山村多馬熊狀如猿頭長夜出齧婦豎啖豕犬

九年庚午楓橋鳳山產芝一本五莖夏五月南鄉三十都馬氏女十三歲忽變爲男東安鄉屠家隖屠允康家雌雞化爲雄

十年辛未春三月初十日大雨雹二十二日雷雨大風飄瓦拔木斃人無算夏四月十二日大雨雹冬十月初一日十二都大雨雹

屋瓦皆飛五十都楊村雨菽

十二年癸酉夏五月大旱十六日知縣劉引之禱雨斗子巖龍王祠江潮至楓溪

十三年甲戌秋七月十八都雨豆

光緒元年乙亥春正月朔日無光二月長甯鄉珠村雨豆取食有香氣秋七月二十八日未刻烈風雷雨蛟水驟發決埂金墊金光明家豕生象藍田金漢章家雄雞有五腎正二都半路塘檵櫚樹忽生二柯作鶴形白色以後每年生二柯象二物或鳥或獸或刀劍或人物或器皿及燭繖狀每年一易無識者後數年樹被竊去

二年丙子夏六月初一日大雨山蛟陡岸盡決田禾淹冬十一月雨豆大如雞頭子

四年戊寅夏五月大水湖埂決禾盡淹補訂縣志

五年己卯夏五月大旱秋七月十三日大雨雹三十三都張長欽家豕產獸一角一目行走甚疾不數日死

六年庚辰春三月距何趙二里許山上雨豆圓形小粒而長樣有斑文

七年辛巳夏五月大水秋七月十八日夜四更天裂

八年壬午夏五月大水六月十五日龍見於楓橋是日晝雨初霽楓溪有二婦曬衣樓窗忽見一龍從黑雲中捲出一婦見龍首疾呼一婦即見龍尾掠過樓頭鱗角畢見秋八月彗星見東方長數丈狀如帛

九年癸未夏四月大水湖田淹補訂縣志

十一年乙酉江潮至楓溪十二都楊五經家豕生[illegible]六趾日死五十一都宣何山產芝

十二年丙戌春三月附一都金學林家豕生象秋七月大水湖田淹縣城毓秀山產芝

年丁亥夏六月大雨東鄉山中伏蛟盡出澧浦水漲五尺糧倉淹至丈餘湖埂決（傅雲林補訂縣志）

十四年戊子十三都旋子山生芝花亭鄉八字橋周啟賢妻馮氏一產二男一女

十五年己丑春正月十六日夜月將升東方紅光滿天有火大如斛自天隕踰時始熄秋七月大雨北門外七崗嶺附二都十二都十三都皆出蛟田廬被衝白八月至十月又淫雨四十日湖鄉大水埂決霜降節螻蟈鳴

十六年庚寅夏六月旱秋七月大水害稼

十七年辛卯大水

十九年癸巳夏五月二十三日縣城鋪前街火延燒數十家縣署大門儀門俱燬（前數日鼠出徧街衢多遷至鹽茶公所）

二十年甲午春正月二十五日未時六十五都大雨雹二月初一日雷水決隄夏璜山博鴨岡有赤馬下飲於璜鳴白沙山產芝之五本皆紫色四十四都吳丙德妻李氏產子無鼻脣手指足指皆十四枚不乳死

二十一年乙未春二月五十都魏成美家木樨花五十三都新莊徐錫仁妻一產三男

二十三年丁酉婁嶼竹兩歧高三丈餘長三丈餘圍七寸形扁十餘節上分二股直上至巔作交柯狀

二十四年戊戌春正月朔五十六都屠家鴨牝鵝自嶺鄉飛集村樓計高三百丈秋八月十八日大水十五都金鳴金東鄉妻姸八月而產三男俱不育九月初六日夜丑刻天裂

二十五年己亥立春日南門城樓災庚子六月十四日鄉人由二南門入燬教堂幾釀亂

月十九日雪殺桑三月大風夏六月十五日大水東鄉蛟驟發楓橋市過蛟至十餘壞屋淹人無算（居民朱鍾揚撐小舟拯九人知縣沈賓青書額旌之并記其事）江東阪埂泌湖埂盡決秋七月復大雨蛟又發田禾俱淹道殣相望（知縣沈賓青爲之籌款請帑買米賑卹積穀備荒并議工賑隄埂復完民慶更生）九月復大風壞廬舍廟宇無算

二十六年庚子春三月天赤色日月無光十二日晨天忽暝如夜逾刻始復（東西浙不同時并有十一日十三日暝者）秋七月二十日太白晝見二十七日復見八月十四日夜三更白氣似虹見西南方斜射月芒長數丈冬十一月江東鍾氏家見二蛇自檐出行若駛須臾不見戌刻大火屋燬

·附人瑞

明

陳良祐妻樓氏年一百二歲明正德時楓橋人 新纂

孫盈二十五妻俞氏年百五歲七子皆耆年諸顯達贈詩成帙孫盈二十五著有草堂詩稿相傳亦自壽 隆慶縣志

鄭鸞字豎山年一百歲新纂

何甫源妻趙氏年百歲萬歷時礦亭人 新纂

楊天鶴年一百一歲崇禎時人 樓志

國朝

樓紹夏年百歲二十七都鳳儀樓人

楊鐸年百歲康熙時人

蔣爾璠年百歲王家步人著有快哉堂集時稱百歲快翁

酈會七年百二十六歲明舉郡介賓康熙元年恩賜七品頂戴

朱良妻徐氏年一百三歲康熙十年旌一十一都人

蔣宏珪字子信妻駱氏年一百二歲載里人

朱在中字廷美年一百七歲三都官莊人

壽萬元字宕山年一百二歲二十都楊家鴿莊人

壽灝字松坡縣學附生年一百四歲二十都南唐莊人

壽定一字訥庵附學生年一百歲二十都東青莊人

陳椿茂年百歲

黃遇文字平甫年百四歲道光二十六年卒

周理高年一百一歲道光時周家步人

王明山年百歲安俗鄉曲潭人咸豐九年建百歲亭於長官橋東

卓大章年一百二歲左溪人咸豐己未卒

屠仰泉年百歲五十六都屠家鳴人

許國英年百歲三十五都板橋人

馮國柱妻蔣氏年百歲紫巖鄉湖西人國柱年亦九十五歲

王良璽妻趙氏年一百三歲

郭春發妻何氏年百歲

孟趙榮年一百歲十二都人

茅小配年一百歲長甯鄉上湖岡人

蔡卜三妻孫氏年一百三歲陳蔡人五世同堂

盧西泉妻姚氏年一百二歲二十四都里仁村人

翁有浩妻楊氏年一百歲金興鄉蕙渚人建百歲坊於江東泰山廟西

酈大勝年九十歲康熙中　旌五世同堂後街人

許文瑛乾隆時　旌五世同堂歲貢生石作硯爲之作傳文見燼餘集

郭家麟字補亭年九十歲妻毛氏年九十四歲乾隆時　旌五世同堂詳見人物志

楊輝山年九十九歲乾隆五十七年　旌五世同堂乾隆府志

陳宗陛乾隆時　旌五世同堂九都名教錄

黃江字宗嵩年七十一歲嘉慶十年　旌五世同堂四十七都金波鵠人新纂

錢立菴舉人錢衡高祖也嘉慶初　旌五世同堂

楊毓荃字輝山嘉慶時　旌五世同堂

汪永隆年九十六歲嘉慶二十二年　旌五世同堂

孟士倘字全孝年九十八歲妻孫氏年九十六歲道光初　旌五世同堂十二都人

徐大雄年九十六歲乾隆三十五年庚寅　恩科武舉人至道光十一年辛卯重赴鷹揚宴　旌五世同堂

金煌年八十二歲進士金毓麟曾祖也道光二十年　旌五世

同堂六十三都金家站人

何清　道光二十七年　旌五世同堂六十四都何家堉人

樓夏彥年八十四歲妻周氏亦八十四歲道光二十五年　旌五世同堂

孟廣田道光二十七年　旌五世同堂

馬璀年八十四歲妻周氏八十三歲咸豐九年　旌五世同堂

周粲字璞園博學精醫輯試驗良方行於世咸豐時　旌五世同堂十四都藏綠塢候選州同

屠謝元年八十八歲妻阮氏九十四歲光緒十四年　旌五世同堂五十六都屠家塢人

陳芸規光緒十五年　旌五世同堂

陳雲章字華珊年八十歲光緒十八年　旌五世同堂官五品封職候選州

同係五世同堂節婦陳方氏之元孫承上啟下親見八世子謬官安徽含山縣知縣何光仁附五十一都花紋莊歲貢生何像雲之父陳維新庠生許南月何雲侯何員慶鄉飲鵬徐浙書民據採訪冊

皆旌五世同堂其時代及題旌年月無所考

諸暨縣志卷十八

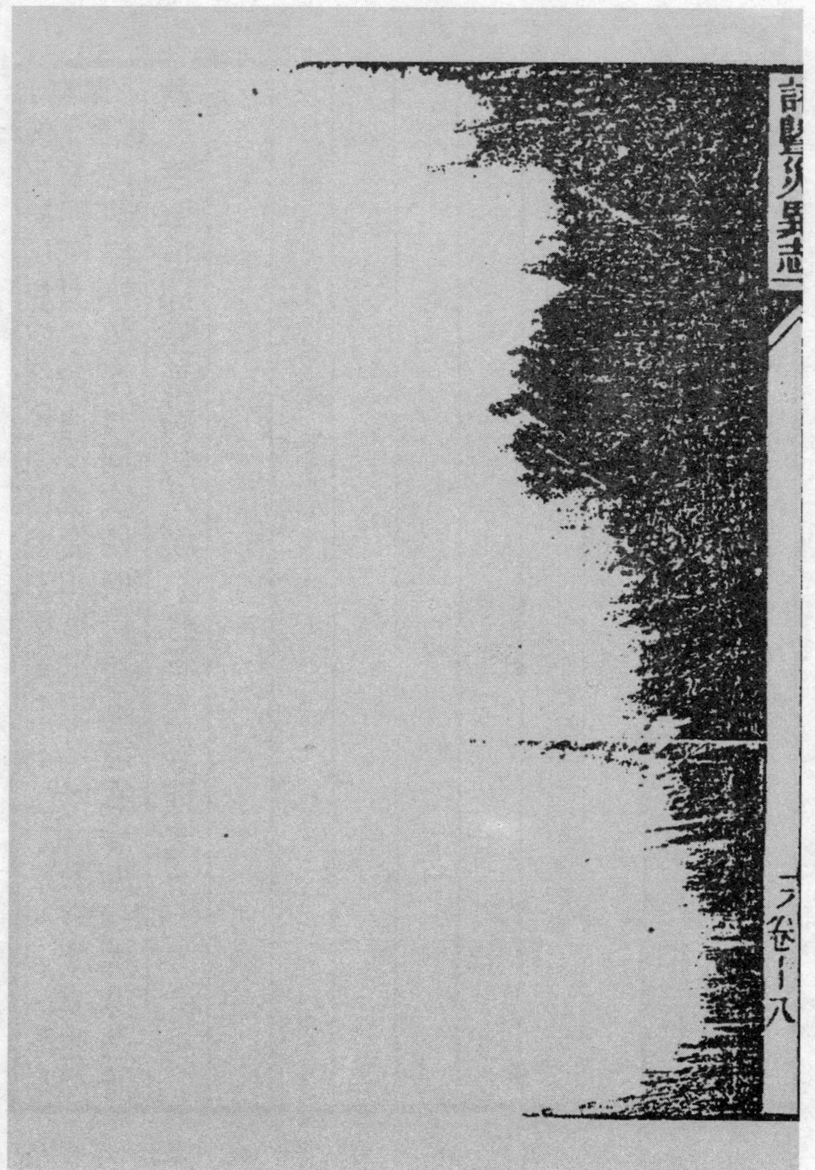

補遺

駱殿員字揆先年八十七歲乾隆六十年 旌五世同堂十五都人

黃肖範字式屏年九十六歲嘉慶元年 恩賞正七品銜見戴龍塘太常璐所撰壽序三十六都廣山人

許 烜嘉慶七年 旌五世同堂三十五都藍田人

斯元儒字巽聖年七十歲道光二年 旌五世同堂四十三都上林里人

何光仁字配元年八十五歲妻胡氏年七十八歲道光間 旌五世同堂附五十都花紋泉人

趙元度字萬涵道光 年 旌五世同堂正三十四都澪塘人

徐觀潮年九十歲 旌五世同堂三十七都大成隖人

酈曰埭字玉慶咸豐四年甲寅 旌五世同堂城內人

馮殿魁妻壽氏年八十二歲咸豐十年 旌五世同堂六十三都湖西人

趙亮采字龕亭同治丁卯並補甲子科 恩賞舉人年登百有二歲二十九都趙圩人

鍾權妻陳氏年八十九歲光緒二十六年 旌五世同堂城內人

鄭崇本妻 氏齊眉九十歲宣統元年 旌五世同堂 恩賞九品頂戴四十一都藺社人

趙廷武年一百歲二十八都人

（清）王振綱纂

【咸豐】上虞志備稿

稿本

灾异

東晉

太元十五年夏駕山石鼓鳴二十年五月癸卯大雨[illegible]志 歷

案宋書五行志作吳興長城縣夏架山有石鼓長丈餘面徑三尺所下有盤石為足鳴則聲如金鼓三吳有兵據此乃長城縣之夏架山嘉慶志引之豈別有說歟姑存俟考

南齊

建元二年九月楓樹連理兩根相去九尺合成一幹南齊書

永明三年大鳥集上虞其年縣大水南齊書

永元元年四月有大魚十二頭入上虞江大者近二十餘丈小者十餘丈皆暍岸側百姓取食之南齊書

宋

乾道三年八月水壞田廬積潦至於九月禾盡腐

淳熙四年九月大風雨敗隄及梁湖堰運河岸

紹熙四年七月乙亥大風駕海潮壞隄傷田

咸淳八年八月大水

明

成化二十三年邑民葛用章家彘生七子而母斃並有犢聞彘子悲鳴往乳之而七子得長（萬歷志）

正德元年夏旱歉收民饑（萬歷志）

正德三年夏大旱民訛言黑眚出（萬歷志）

正德七年七月十七日夜颶風大作海潮溢入壞下五鄉民

居男女漂溺死者以千計萬歷志

正德十三年大風海潮復溢

嘉靖二年旱民饑萬歷志

嘉靖二三年間有長人即山魈也嘗在百官九龍山中山深窈迨遞十里許無村落爲七鄉孔道昏夜往來或遇之多被害衆議𠞰張神祠以棲濟行旅其患遂息萬歷志

嘉靖十三年秋七月颶風霪雨壞廬舍傷禾稼歲歉收萬歷志

嘉靖十四年六月三日火災東自城隍廟西及關帝廟延燒二百餘家萬歷志

嘉靖十八年大水萬歷志

嘉靖十九年火自城隍廟至縣前延燒甚衆萬曆志

嘉靖二十三年大旱民饑斗米值錢一錢八分萬曆志

嘉靖三十三年秋每晡時兩日黑光摩盪可一辰而没是年李樹生黃瓜萬曆志

嘉靖三十四年六月倭寇自四明經邑東門外所至殘滅隨渡曹娥江以去冬復至萬曆志

嘉靖三十五年正月初倭寇復自四明至東門外花園畈時同知屈某適率河南毛葫蘆兵駐虞出兵與戰我師敗北賊從北城外渡江去橫屍徧野慘酷不可言獨恃城守坊市之民不至殘破塗地耳萬曆志

隆慶二年民訛言朝廷選女子入宮數日民間奔娶殆盡四月初一日未時日食既昏黑星盡見馬牛羊在山野者皆奔歸萬歷志

萬歷三年六月初一日夜大風雨北海水溢有火色漂没田廬衝入城河以杖擊之有火星見案水異經謂之火沴水萬歷志

萬歷十五年七月二十一日大風雨屋瓦如飛梁柱垣牆傾圮漂没無算合抱之木立拔平地水湧數尺時早禾方熟未收一日盡落泥水中漂去萬歷志

萬歷十六年旱民饑夏六月初東鄉訛傳倭寇至男女棄家

號奔者如蟻競至曹娥爭不得渡墮江死者纍纍時虞城方圮壞居民益惶急縣令蔡公促令修築倉卒莫辦聊以木柵禦之盡驅士民持戈握火登陴爲守歷三晝夜乃罷萬歷志

萬歷十七年復旱湖河溪澮最深者亦盡涸田圻禾焦升斗無入至剝草根樹皮以食餓殍載道萬歷志

萬歷二十六年復訛傳倭寇自臨山而來鄉民逃竄縣令胡公夜出關帝廟急召鄉大夫士民議備禦之計上下皇皇登陴爲守一晝夜而罷是時虎亦肆虐甫昏輒從西南水門入咆哮衢巷人盡畏避縣官戒獵徒擒之不能得後於

東門外畈之叢薄處獲一虎而人亦有重傷者萬歷志

萬歷三十二年十一月初九日夜地震屋宇搖動甚有傾倒者人盡駭愕萬歷志

〔明〕陳繼疇地震詩

仲冬熙熙如仲春翔陽戢翼噓重雲驕陰乘陽出未得欲雨不雨蒸絪緼鉤星漸舒開管鑰海水周流波相薄蟾蜍張口候儀動一龍機發銅丸落是時漏點方二更六街閒靜無人行篝燈燕坐酒初醒忽聞四壁聲錚錚恍如空中旋磨蟻又似弄舟江心裡屋瓦紛飛水自波千門萬户重重啟宿鳥繞枝棲不定兒童喧呼聲相應爭言無處可容身嗟爾神何太横由來地道貴安貞一陽之月宜上行歷北而西三萬里胡為偏向東南傾東南虛自稱樂土男耕女織多愁苦災來有基豈偶然茲理雖微聊可覩君不見周幽王三川地震須臾亡又不見漢文帝地震山裂成至治片言能使天意回轉妖為祥歷可紀方今聖德邁唐虞羣工欽翼無專踰漫言天變不足畏涓涓不止成江湖避殿減膳亦徒爾貢琛獻瑞何其誣一自鯨波拂東海西川跋扈又數載徵調頻年物力微奚堪

榷酤復開掾長狐乳虎何咆哮鑿海煮海皆民膏膏盡髓竭命不保九閽欲叩君門高君門高兮不必嘆但願君心恤災患一朝赫怒宏羊烹三儀順軌方儀奠

天啟四年十月地震康熙志

崇禎元年正月朔日食風霾七月二十三日颶風大作拔木發屋海潮大進塘隄盡潰自夏蓋山至瀝海淹死者以萬計康熙志

崇禎五年大旱七年前江十都地潮水曲割竟通夏蓋湖鹹水直注餘姚康熙志

崇禎十四年正月大雨雪民饑六月飛蝗食禾康熙志

國朝

順治三年夏大旱五月二十六日太白晝見七月大風拔木
海潮入禾稼淹腐康熙志
順治四年春大饑斗米四百錢民食榆皮土粉康熙志
順治五年三月山賊王岳壽入城盡焚縣廨十一月焚燒下
管徐姓房屋康熙志案王岳壽宜作王完勲
順治十五年閏三月初一日羣龍戰鬬大雨雹倏忽高尺餘
細者如彈巨者如拳更有巨如石臼至不能舉者人畜多
殛死菽麥無收康熙志
順治十八年辛丑四月李生王瓜三月不雨禾稼大焦枯至
八月始雨沿城絶粒八都塘壞鹹水入河夏蓋湖東西鄉

絶粒奇荒連歲康熙志

康熙三年八月初一日大風雨海塘復壞潮入禾稼無收十一月有大星見東南方氣白如練

康熙七年六月十七日戌時地震屋瓦皆崩七月地上生白毛康熙志

康熙九年六月大水康熙志

康熙十年大旱青蟲食稻七月初五夜城中火災自儒學前謝家新街悉焚康熙志

康熙十八年大水十二月三日大風連日盛寒冰合舟膠履河如踐石道嘉慶志

雍正元年大旱歲無收嘉慶志

乾隆二十年大水外梁湖塘隄潰決歲歉收斗米三百錢民食樹皮草根嘉慶志

乾隆三十五年大水禾稼盡壞嘉慶志

嘉慶六年七月十五日大水外梁湖塘隄石閘大決水淹半月禾稼盡腐嘉慶志

嘉慶九年大水傷禾嘉慶志

嘉慶十三年六月五日城中火雀令鳴玉令民置水龍二存城隍廟中命住僧守管以作將來救火之用嘉慶志

嘉慶二十五年秋大水沙湖塘決禾稼淹腐新增

道光十五年夏秋無雨歲歉收新增

道光二十一年暎咭唎寇寧波入餘姚官兵駐上虞冬平地大雪盈三四尺新增

道光二十二年六月朔日未刻日食既白晝昏黑雞犬俱驚新增

道光二十三年二月至三月西方有白氣一道日沒即現或曰太白也新增

道光二十六年夏旱六月十二日半夜地震房屋動摇器物有聲先是訛傳有妖物如貍入夜祟人民間放火礮爲鉦鼓達旦喧譁數百里内無一家安枕者或云旱魃或云黑

眚不知何怪也新增

道光二十七年十月初五日半夜地震新增

道光三十年八月十四日風雨大水沙湖塘決無量閘傾圮
平地水高數丈沿江居民房屋俱毁城中水深六七尺各
鄉堡俱遭淹没棺槨漂流者無算新增

咸豐二年四月至七月久旱無禾稼枯焦十月梁湖袋頭山
下民人陳兆彥妻産怪物頂上有角蓋旱魃也十月初六
日戌時地震新增

咸豐三年三月初七日戌時城大震初八日巳刻復震六月
海潮泛溢禾稼淹腐新增

咸豐四年六月曹娥有物如牛或云海牛

（清）儲家藻修　（清）徐致靖纂

【光緒】上虞縣志校續

清光緒二十五年（1899）刻本

南齊

建元二年九月有司奏上虞縣楓樹連理兩根相去九尺雙株均聳去地九尺合成一榦南齊書五行志

宋

熙寧十年趙清獻守紹得上虞劉承詔十世同居狀聞於朝旌表其閭嘉泰會稽志○互見人物傳金石志

明

正德十三年縣譙樓前放生池產蓮一莖兩蕊者二知縣劉近光有碧沼呈祥卷邑人張文淵撰記萬歷志

隆慶元年放生池產並蒂蓮 萬曆志

國朝

乾隆十三年俞才六妻王氏壽一百歲具題 旌表 嘉慶志

四十三年趙世玉重宴鹿鳴 據嘉慶志選舉表

四十七年邑民葛振旗夫婦九旬同堂五代 邑士朱廷和五世同堂七代親見並呈請題 旌 嘉慶志

五十五年邑民王瑞臣壽一百歲五代同堂呈請題 旌建坊 嘉慶志

嘉慶九年裘恒謙妻潘氏五世同堂七代親見奏 旨給

七葉衍祥匾額嘉慶志

十三年邑民俞格四五世同堂子開秀五世同堂七代親見呈請題　旌給七葉衍祥匾額嘉慶志

十四年邑民劉承文五世同堂七代親見與妻趙氏年踰八旬夫婦齊眉呈請題　旌給七葉衍祥匾額邑民趙士先妻王氏壽一百歲呈請學憲給頤齡淑德匾額嘉慶志

道光二十三年職員謝聘母任氏年踰八旬五世同堂呈請題　旌給匾額備稿　監生谷連元年八十二歲五世

同堂有子一人孫四人曾孫六人元孫一人浙撫劉韻

珂題　旌給匾額新增

咸豐三年諸生沈日宣重遊泮宮呈請學憲萬青藜題

旌給泮水耆儒匾額時年八十一有子八人孫十三人

曾孫五人備稿

四年副貢徐樹丹重遊泮宮呈請學憲萬青藜題　旌給

匾額新增

八年歲貢鍾斌年八十歲重遊泮宮　賞六品銜新增

同治二年歲大熟麥禾棉倍收俱以爲中興氣象新增

光緒元年監生朱新增繼妻石氏五世同堂呈請題 旌
給匾額新增
七年歲貢生孝廉方正王璲重遊泮宮呈請學憲張澐卿
題 旌給匾額新增
八年麥禾並穗新增
九年增生嚴酉書重遊泮宮呈請學憲祁世長題 旌給
芹茹重賡匾額新增
十二年職員顧瑛妻袁氏五世同堂七代親見呈請題
旌給匾額新增

十五年小查湖蓮開並蕊新增

十六年歲貢韓文熙重遊泮宮呈請學憲潘衍桐題　旌

給泮璧重芳匾額新增

十八年　誥封資政大夫胡鎮年九十歲妻王氏年九十

一歲夫婦齊眉五世同堂新增

十九年牛步村麥生雙穗新增

二十一年三品封職連仲愚妻陳氏年九十一歲親見七

代五世同堂有子六人孫十八人曾孫十四人元孫一人

呈請題　旌給匾額新增

上虞邑五世同堂暨五六世同居年登大耋未請旌者舊志多失載今據採訪所及自國初以迄近時略按時代先後增補於左其書現年者據辛卯年初次採訪冊也迄今又歷七年存歿無從訪核仍照原冊登記

順治朝　陳懋德年八十九歲五世同堂　徐汝梅年九十五歲

康熙朝　徐元芳年九十五歲　徐熹年九十一歲　徐球年九十歲

章君錫妻曹氏年九十八歲　許樾繼妻張氏年九十三歲

乾隆朝　俞奎文六世同居男女一百六十餘人共爨而食上下和穆內外無間言　黃仲龍妻李氏年九十歲五世同堂有子二人孫八人曾孫十二人元孫二人　周作雲年七十七歲五世同堂

嘉慶朝　金士濤年九十五歲　朱作賓年九十四歲　徐士櫃年九

十三歲

張錫三妻龔氏年九十一歲

道光朝

監生賈煊妻丁氏年九十三歲五世同堂

子九韶繼妻石氏年九十二歲五世同堂有子四人孫四人曾孫七人元孫二人

王殿宰妻丁氏年八十五歲五世同堂有子五人孫十二人曾孫二十五人元孫一人

欒元昇年百有四歲

王大俊年九十六歲

任在田年九十六歲

郭鳳標年九十六歲

潘斗文年九十六歲

王式南年九十三歲

潘景初年九十二歲

葛見心年九十一歲

鍾振年九十歲

朱光照年九十歲

徐仕成年九十歲

張荆輝繼妻陸氏年九十四歲

王存惠妻陳氏年九十歲

咸豐朝

羅性元家男女五十餘人五世同堂

王世良妻張氏年八十六

歲五世同堂　丁士高年九十四歲　王存孝年九十三歲　戴必顯年九十三歲　陳福年九十三歲　章淪年九十二歲　龔茂順年九十二歲　沈可銘妻　氏年九十三歲　連聲金妻鄭氏年九十一歲

同治朝　監生宋其芹年八十二歲五世同堂　鍾文袁年九十五歲　丁漢龍年九十五歲　駱文貴年九十一歲　連聲佩年九十歲　徐元誠年九十歲　馬元龍妻許氏年九十八歲

光緒朝　監生俞照年九十一歲暨繼妻王氏五世同堂並七代親見有子六人孫九人曾孫十三人元孫三人　監生沈清仁年九十歲　監生竺貴繼妻程氏五世同堂子三人孫六人曾孫八人元孫一人　金鑑遠妻張氏年九十四

歲五世同堂有子四人孫十人曾孫二十一人元孫六人　監生徐炳奎年八旬餘五世同堂

王魯瞻妻厲氏年八十歲五世同堂　馮萬元年九十八歲　貢生梁國楨年九十四歲　陳洲年九十歲　王濤濂年九十歲　徐元旦年九十歲　王新產年九十歲　汪來富現年九十四歲　周宗達現年九十一歲

任國璋現年九十歲　蔣學寶現年九十歲　朱俊茂年九十七歲

戴紀成妻孫氏年百有二歲　張朝陽妻陳氏年九十五歲　王善慶妻陳氏年九十四歲　陳維誠妻杜氏年九十四歲　王蘭芳妻周氏年九十三歲　王啟賢妻倪氏年九十二歲　經維垣妻夏氏年九十一歲　謝述堂妻沈氏年九十一歲　章天保妻

陳氏年九十歲 金國泰繼妻王氏年九十歲 丁淸妻曹氏現年九十二歲 趙炳山妻董氏現年九十歲 監生鍾浩妻王氏年九十歲 黎錫章妻陳氏現年九十一歲 周成斐妻葛氏年九十六歲 同知銜陳棨妻誥封宜人沈氏年九十歲 王鳴臯妻俞氏現年九十一歲 職員陳登妻謝氏年九十歲 竺國英繼妻錢氏年九十一歲子六人孫十八人曾孫十三人 羅步先妻呂氏年九十四歲

右祥瑞

東晉

太元十五年夏鴐山石鼓鳴萬歷志○王振綱云晉書五行志作吳興長城夏架山有

石鼓長丈餘面徑三尺所下有盤石爲足鳴則聲如金鼓三吳有兵據此乃長城縣之夏架山今案元張憲玉笥集有夏蓋山石鼓謡是上虞亦有石鼓也

太元二十年五月癸卯上虞雨雹（晉書五行志）

南齊

永明三年大鳥集會稽上虞其年縣大水（南齊書五行志）

宋

乾道三年八月上虞縣水壞民田廬時積潦至於九月禾稼皆腐（宋史五行志）

淳熙四年九月丁酉戊戌大風雨駕海濤敗上虞縣隄及

梁湖堰運河岸宋史五行志

九年夏五月不雨至秋七月上虞旱宋史五行志

紹熙五年七月乙亥上虞縣大風駕海濤壞隄傷田稼宋史五行志

咸淳八年八月一日上虞大水宋史度宗本紀

明

正德七年七月十七夜颶風大作海潮溢入壞下五鄉民居男女漂溺死者以千計萬歷志

嘉靖三年大旱萬歷志

二三年間九龍山中山魈爲害山在梁湖往百官處深窈迢遞十里許無村落而地係七鄉孔道昏夜經過輒爲害後議建張神祠以接濟行旅患遂息○萬歷志

十四年六月三日火災東白城隍廟西及關王廟延燒至二百餘家萬歷志

十八年大水萬歷志

三十年萬歷志作三十三年李樹生王瓜留青日札

三十一年李樹開桃花見謝讜王子歲紀事

三十三年秋每晡時兩日黑光摩盪可一辰而沒萬歷志

隆慶二年民訛言朝廷選女子入宮數日民間奔娶殆盡

四月初一日未時日食既昏黑星盡見馬牛羊在山野者皆奔歸志萬曆

萬曆三年六月初一夜大風雨北海水溢有火色漂沒田廬衝入城河以杖擊之有火星見志萬曆

五年海嘯沈奎補稿○明葛曉詩怪哉異乎夜初寂翻天倒地聲轉劇夢裏魂飛莽莫收狗中似擣還睥易昏寒舌縮不能語披襟坐遲東方白出門但見官河水昨日枯乾今泛溢問之云是豜食龍馳風捲海岸爲坼坼岸潮隨風逆來人家近海尤堪哀夜半喧豗勢若崩嘯聲疑觸天門開離來盡在波濤裏墻傾屋翻號嘶鬼簇簇長蛟急莫分須臾平地如遊蟻吮血磨牙饞食人人自心殷蛟自喜至有拔宅入魚鼈開闔有人從此絶吁嗟感泣淚如決洒向洪波盡成血遍野禾黄黄過雲潮汐往來猶未澈眼前已自苦顛連去後將何慰殘

月況乃赤日懸如火縱不被潮田亦剔
洪水當年堅樂功矯詔發粟胡不可

十五年七月二十一日風雨大作屋瓦亂飛梁柱垣牆傾圮漂没者無算合抱之木盡拔平地水湧數尺早禾方熟盡落泥淤漂去萬曆志自秋雨至冬至始晴大饑乾隆府志

十七年旱湖河溪澮最深者亦盡涸田坼禾焦升斗無入民剝草根樹皮以食萬曆志

二十六年虎肆害甫昏輒從西南水門入咆哮衢巷人盡畏避縣官戒獵徒擒之不能得後於東門外畋之叢薄處獲一虎而人亦有重傷者萬曆志

三十二年十一月初九夜地震屋宇搖動甚有傾倒者萬歷志〇明陳繼疇詩仲冬熙熙如仲春翔陽蔽翼噓重雲驕陰乘陽出未得欲雨不雨蒸絪縕鈞星漸舒閑管鑰海水周流波相薄蟾蜍張口漢儀動一龍機發銅丸落是時漏點方二更六街闃靜無人行篝燈燕坐酒初醒忽聞四壁聲錚錚恍如空中旋磨蟻又似弄舟江心裏屋瓦紛飛水自波千門萬戶重重啟宿鳥繞枝棲不定兒童啞呼聲相應爭言無處可容身嗟爾媪神何太横由來地道貴安貞一陽之月宜上行懸北而西三萬里胡爲鬥向東南傾東南處自稱樂土男耕女織多愁苦災來有基豈偶然茲理雖微鄙可覩君不見周幽王三川地震須臾亡又不見漢文帝地震山裂成至治片言能使天意回轉妖爲祥歷歷可紀方今聖德邁唐虞羣工欽翼無專踰漫言天變不足畏涓涓不止成江湖避毀滅瞎亦徒爾貢琛獻瑞何其誣一自鯨波沸東海西川跋扈又數載徵調頻年物力微奚堪榷酤復開採長狐乳虎何咆哮磬山煮海皆民膏膏盡髓竭命不保九閽

欲叩君門高君門高兮不必歎但願君心恤
災患一朝赫怒烹宏羊二儀順軌方儀奠

天啟四年十月地震康熙志

崇禎元年正月朔日食風霾七月二十三日颶風大作拔木發屋海潮大進塘堤盡潰自夏蓋山至瀝海所人淹死者以萬計康熙志

五年大旱七月前江十都地潮水曲割竟通夏蓋湖鹹水直注餘姚康熙志

國朝

順治三年夏大旱五月二十六日太白晝見七月大風拔

水海潮入禾稼淹腐康熙志

十六年閏三月初一日羣龍戰鬬大雨雹倏忽高尺餘細者如彈巨者如拳更有巨如石臼者人畜多擊死菽麥無收康熙志

十八年四月李生王瓜三月旱至八月始雨八都塘壞鹹水入河康熙志

康熙三年八月初一日大風雨海塘復壞潮入禾稼無收

十二月有大星見東南方氣白如練康熙志

七年六月十七日戌時地震七月地上生白毛康熙志

九年六月大水十年大旱青蟲食稻康熙志

十七年夏蓋山崩据范蘭三烈婦傳曹江集作十五年誤

十八年大水嘉慶志

三十年大旱九月十一日大風海塘壞潮溢七鄉虎入縣城沈奎補稿○范蘭詩猛虎居南山磨牙出衢路路人别毛色記識殆無數饑號急搏拏暇待白日暮風生黎嶺凋行子勿得渡城邑衆所喧入行目如炬裂峩宣化坊官鼓鳴至曙故來恣游戲夜雪遺跡去

雍正元年大旱歲無收嘉慶志

乾隆二十年大水外梁湖塘隄潰決嘉慶志

三十五年大水禾稼盡壞嘉慶志

嘉慶六年七月十五日大水外梁湖塘堤石閘大決水淹半月禾稼盡腐嘉慶志

九年大水傷稼嘉慶志

十三年六月初五日城中火知縣崔鳴玉令民置水龍二存城隍廟備救火用○嘉慶志

二十五年秋大水沙湖塘決禾稼淹腐備稿

道光十三年七月大水冬雨雪四十八日新增

二十一年冬平地大雪積三四尺備稿

二十二年六月朔未刻日食既備稿

二十三年二月至三月西方有白氣一道日沒卽見或曰太白見備稿

二十六年夏旱六月十二夜地震先是訛傳有妖物如貍入夜祟人民間放火礟鳴鉦鼓達旦喧嘩無一家得安枕或云旱魃或云黑眚莫辨其怪備稿五月二十二夜錢玫家擘一紙貍背白面黑長數寸中鉛子凡六處貍頭長嘴當口處揷一雞毛當心塗以硃砂遠近傳觀新增

二十七年十月初五夜地震備稿

三十年歲饑斗米五百錢八月十四日風雨大水江塘壞

沙湖塘決無量閘圯平地水高數丈城中水高六七尺備稿

咸豐二年四月至七月久旱十一月初六夜地震備稿

咸豐三年三月初七日戌時地大震初八日復震六月海潮泛溢禾稼淹腐備稿

四年六月曹娥江有物如牛或云海牛備稿

六年八月蝗知縣劉書田禱於劉猛將軍并諭各鄉迎神設法收捕劉書田捕蝗神異記略咸豐丙辰夏秋不雨至八月蝗入浙境山會蕭餘傳有蝗至余急諭各鄉堡如蝗飛入率農民嚴捕一日坐廳事忽聞城外鳴鉦聲爆竹聲家人譁曰飛蝗過也余出廳仰視如

敗粱蕩空幾蔽天日因思救荒諸書載捕蝗法雖備惟聞蝗最爲便捷即出示定價收買設局署東明日老幼男婦挈筐攜簍負袋荷肩而來者絡繹不絕余令按次秤稱給錢就其所持之器投入熱釜中開大坑掩之一日或三四千觔或五六千觔約八九日買蝗者漸少尤恐蝻子遺害也又出示收買定價斗四百文前後約買十餘石賣蝻者亦漸少竊幸蝗災可以永除孰知暗集於山陬海澨足跡所不到處次年三月蝗行出土余出示收捕如前法並勸殷紳就近收買殆盡然柴蓬蒙密中偶一撥尋如蜂聚蝗屯人力竟不能施余思劉猛將軍驅蝗神也禱必有應齋戒往迎於楊家溪至邑廟中使有蝗村堡徧迎焉神經過處閱兩日有報蝗去者余詢其狀十九都紳民僉曰迎神前一日有烏鴉數千百隻飛滿山巔及神到日遠望山上火光騰起如霞次日蝗即不見又下管鄉等處紳民言其狀曰月夜見蝗飛起高與樓脊齊凡兩夜蝗即不見尤可異者西北近海草蕩蝗集於亂茅荒蘆之上如麻辮然余親率農夫攜筐袋往至則日已出見人即飛去頗難著手余令割草

畝餘積稻杆乾柴俟夜燃火人四圍集用帚埽以焚之不意燒至夜半蝗竟不來余遂以手書與紳耆諭以兵家偷營刼寨法先於白晝蝗集之處用竹竿標記選智農令夜間四面排列而進以雙手於草杆中暗中捧取並懸賞格以激勸之閱日差保稟曰蝗無矣余疑其誑差保跪曰官返署之夜風雨交作迅雷自西北來比曉農民奉命往揷標徧尋不見蝗亦不知其何以去也後詢紳耆言僉同余曰異哉非神力能若是哉余乃於旱禾收穫後重修神廟懸匾額陳俎豆以答神貺焉○新增

十一年蘿巖山嘯夜聞兵戈聲彗星長竟天十二月大雪積五六尺是年斗米千錢新增

同治十年三月二十一日未刻暴風自西北起拔木發屋吹墮石坊河舟飛上岸新增

十二年閏六月大旱河盡涸新增

光緒三年六月蝗食竹葉蘆草殆盡禾稼無害新增

九年七月二十二日狂風掃地屋瓦羣飛合抱之木皆拔

潮水溢塘濱海居民饑時知縣唐煦春照會邑紳經元善等於上海籌賑公所募捐賑濟用錢一萬八百七十千有奇○新增

十三年元旦雷秋冬久旱疫新增

十四年四月訛言雞翼生爪食之斃民間殺雞殆盡秋大疫新增

十五年七月二十七日蛟水暴發衝壞塘堤廬舍橋梁無

數八月至十月淫雨四十七日晚禾腐饑民四起賑濟

始安是歲浙東西同被水巡撫總據實上 開設法籌賑先後派撥上虞帑銀八百兩需紹台道吳引孫復捐廉二百元知縣唐煦春會同紳士就地勸捐接濟西北鄉冬春二賑報銷用錢一萬一千五百餘緡動支積谷九千九百七十石有奇又邑紳經文親查貧民戶口核實散賑計錢四千二百餘緡粥廠及撫恤孤寡洋一千六十八元零以工代賑洋一萬三千三百十五元零錢四千四百餘緡○據縣冊

右災異

【康熙】嵊縣志

（清）張逢歡修　（清）袁尚衷纂

清康熙十年（1671）刻本

災祥志

漢三國時吳以賀齊爲縣長誅奸吏斯從從族黨攻縣齊討平之吏斯從輕俠爲奸縣長賀齊欲治之主簿諫曰從縣大族山越所附今日治之明日寇至齊聞大怒立斬從從族黨糾合千餘人舉兵攻縣齊率吏民開門突擊大破之

齊武帝時山賊唐寓之爲亂令張瓌禦之

唐寶應元年台賊袁晁爲亂往來剡邑李光弼遣將張伯義平之○咸通元年春正月賊裘甫據縣觀察使鄭祇德敗績夏六月觀察使王式討平之宣宗十三年冬十二月賊裘甫攻陷象山進逼剡縣觀察使鄭祇德將兵三百令台兵討之官軍敗績乙

丑甫率其黨千餘人陷剡縣開府庫募壯士至數千人越州震恐祇德復益兵擊甫二月辛卯戰于剡西甫設伏于三溪官軍大敗賊衆至三萬祇德累表告急朝議徵還祇德以王式爲觀察使式至分軍東南兩路擊賊賊敗甫由黃罕嶺遁入剡其東南府中聞甫入剡復大恐式命邀東南兩路軍會於剡圍之賊城守堅攻之不拔諸將議絕水以渴之賊乃出戰三日凡八十三戰未已甫率百餘人出降離城數十步官軍疾趨斷其後擒之

宋皇祐三年饑明年又饑知縣過昱賑之詳名宦傳宣和二年庚子睦賊方臘攻縣知縣宋旅戰死明年春帥劉述古平之方臘連陷州郡知縣宋旅奮義死之生民屠戮室廬悉燬明年劉述古擒清賊黨嵊乃平淳熙七年饑浙東常平使朱熹賑之熹至

浙東料理賑事疏凡五上內稱七月十八日到嵊以嵊三年連旱發米六萬八千石慶元元

年大水城决一百二十餘丈嘉定十一年丁丑饑

知縣趙彦傳賑之時民掘草根以食饑饉相望

元大德十一年夏大旱種蒔俱絶至大元年饑饑死者人隨食之

疫泰定元年大祲至正十八年方國珍兵掠縣所至焚掠人民逃竄十九年兵掠縣擄白埕墩婦至東陽不辱而死二十年兵

掠縣二戴書院燬商淵妻張氏親某妻胡氏皆不辱死二十一年縣治學

校燬於兵二十二年縣境盜起錢悌日兵火之際四境凶民乘間爲盗肆掠致空村無烟火人民逃匿

三十三年癸卯邑民執尹陳克

明至婺州明師先於戊戌取婺州帥朱文忠守之遐邇歸服嵊民執尹至婺推鄧雄攝縣事後元帥周紹祖鎮縣仍受元正朔

明

洪武十年知縣高孜卒孜有惠政民哀之永樂二十年饑

宣德八年夏旱知縣嚴恪禱之正統二年芝生於

孝嘉鄉王鈍家園鈍有賦正統二年歲在丁巳暮春之初瑞芝產于家園幽質靈華飛香吐秀金柯玉質光奪人目識凡卉莫能圖其妙而大鈞所以鍾其靈也傳曰王者仁慈則芝草生稽諸載籍漢孝武時見於甘泉宮孝宣時呈於函德殿晉陵郡君協宰新樞生于便坐之室所以表盛德徵至化休祥之至豈偶然哉景州學正韓先生復適見之因作瑞芝之圖記命鈍試之其辭曰二氣交運四時旁午斡造化之樞機式陽和之扇鼓渾元和以同春陶萬物而得所九[illegible]

□□日而榮三秀藹祥風而吐靈蓮蟬蛻兮紫金之
芬芳兮翠羽鬋粹潤兮璊瑚妙邏純兮瑱瑀雕戴
昉兮不緇渥澤漆兮靡黼祥苗卓犖於群芳仙質
瑰奇于凡杜療饑之㮣兮炳煥芸編和劑之良兮
光輝草部孕淑氣於上天植靈根乎下土嘗烟熠
於商山匪萋萋于南湘羌幽蘭兮同調賽嘉禾兮
爲伍煥然分五色于甘泉之中邃矣瑞千齡于函
德之下昔既禎於帝庭今胡靈於娠圖奇葩層瑞
綺之玲瓏寶幹錯文犀而嬸嬿遊人步躡以環瞻
貫客憑軒而式顧致騷墨之品題來名賢之咏賦
當時諷而著名園日涉以成趣羌一丹之錢靈賽
衆芳以同貴誠勝地之雅觀實千古之奇遇者也
是芝也生能掄環而世覩其爲珍出必以時而無
贊其爲神友猗猗之慕竹絶翹翹之錯薪扇和風
於亭午膏清露于芳辰豈□擬之可寄非皋蘭之
足紉紛內美于陽德□外新乎天真安安焉若有
道之士温温乎數成德之人吁嗟瑞芝之靈協祥麟
彤下成于非義跡惟顯于至仁感有關于元化遐

不作於大鈞在郡庭兮著德見子室兮何因是蓋厥井之間土瘠民淳吾黨之內甿美俗敦志樂遵乎王化行克篤於人倫致元和之所感肇上瑞以來臻是可以驗至德誕敷于普天之下故有以致靈物薦呈于率土之濱欽惟聖朝天命惟新現祥信韻兮來集溱溱雅謌善頌兮繼作頻頻馮翼孝德兮朝野臣臣衣冠禮樂兮文質彬彬耕食鑿飲兮無懷之民安居樂業兮有虞之辰芝之靈以吐而生芝之之異至和而凝

正統六年旱蝗明年又饑知縣徐士溺以憂皇卒天順元年饑成化四年大旱詔民間能賑粟四百石者授七品散官服十二年大水二十二年大旱弘治九年盜賊劫縣賊鼓噪入城劫庫藏以去正德三年旱嘉靖三年旱福泉山裂今山左右有折坑長數里深數丈十三年夏六月大

冰賦內水深一丈二十三年饑二十四年又饑有民携麥半升被刼於途二十六年旱暑縣經歷翁松禱之有詩午向僧房半掩扉炎炎烈烈透征衣憫心忍見三農苦疾首徒存一念微境內有饒稱婦屈河東無粟救民饑齋居鎮日思長策靈雨原非汗漫祈三十二年北郊麥一莖三穗山陰徐渭有賦其畧曰爰有吳公知嵊未期治政無雙高出等夔召至和氣郊麥離離兩岐昔秀今獨三岐以比張堪不猶過之一本而生二參以披譬如人目而雙瞳子譬如海洲而三島峙雙既兼耩三復加後豈非厚種焉得呈異厚豐無田中和所致致此者誰敢歸執事當迎風而靡若濡露而品呈飄然紛比翼之鳥躍兮欺大火之星實兼垂而彌絛稽台捧其愈競纍如貫珠袟組而佩錯焉智據鼎足其勍或三而一聚女髻男角之狀或二而二或男朋女粲之形分二三而兩在合三二而

五成總壬埊其可合亦爲穗其可分且其濟濟蹌蹌栗栗穰穰味以薦饗顯能脫囊屏百穀以先登受四氣而愈揚匪后稷之專能受上帝之於皇周官稱其宜食天子飆以先嘗是以大水書無宣尼示戒關中早種仲舒告王縱使結實如故州稷卽常斯亦室家之習慶何況于杳藤而連莆翠華綢繆綠蔭翳翔標闘鷺牛之尾粒排鮐春之章飯食口而兼味麵始塵而烈芳木種連理胡蘆于用苞有三蘖徒結其秧誠未若此物固翁嫗之所創見而耳目之所未嘗昔子輿氏有言曰至于日至之時皆然矣或有不同者則人事之不齊而雨露之長養豈覩夫今日之異種也出乎其類拔乎其萃若麒麟之於走獸而飛鳥之於鳳凰則又安異乎學官弟子驚告乎縣長而奔走於詞瀚者哉然渦

又聞學士弟子之呈茲於公也以屢歉盛以盂盤謂公德政之所致焉公直答曰是偶然爾參兮廓兮眞長者言長者之言夫豈無故胡有茲祥而不以既慨茲歲之元辰拚陽魄其如蕤堤晦誕謂

雲密而不彰亦既昏而改度適遐方之封事云云焉其躬睹斯陰陽之競凌實中和之螟螣聖主憂之之而屢見于言公卿思之而不得其故且宋之友諒嘗進是瑞于太祖矣太祖怒之曰宋州大水何用此爲豈以當今聖明而頓傀焉是聽哉憶高皇之三載麥稱瑞于寶鷄進嘉莛之五穗命學士而制詞時則南取襄荆東下江浙閩海全齊喙息來庭秦晋周梁角崩抑關豈若今日戎馬蹂躪而甫旋纔衛瞬息而靡定東南當春夏之殺傷西北若秋冬之奔命萬室不保一麥何支四方如此一縣何爲因知其公之退讓或有在于斯歟

甘露降於明倫堂前之松樹纍纍成珠三十三年夏六月集賢坊雨雪三十四年冬十二月倭夷掠縣官軍殲於清風祠倭夷倡州抵新昌焚民居殺戮一二百人知縣萬鵬率民兵拒之遂去新昌出嵊見城上火熾不敢近逐走

沛下遇屠埠抵上舘嶺會客美兵設伏待且戰且走追入淸風祠斬俘一百七十餘相傳王貞婦有靈焉

三十五年甘露降於縣庭栢樹芝生尹氏庭礫

隆慶二年秋七月大水城中水深一丈三尺水暴漲決西門人從壘角山滾脊上村落間皆棲樹杪或羣聚樓上多連人屋漂去凡三日夜號呼不絕

萬曆四年城中火燬公舘望台門樓及民居百餘間

十年遊謝鄉粟一莖四穗

十一年旱

十五年秋七月暴風禾熟將刈暴風連日夜推落無遺粒儒學櫺星石門拆其左柱草根樹皮摟取殆盡民多自焚自縊饑莩塞道

三十七年秋七月縣西洪水泛濫三十一二三都暴雨驟注俄傾衡山倒崍水出小江村屋漂流屍骸淹積成丘

四十四年夏旱知縣王志遠禱

之王氏家犬生五足某氏男二陽芝生王氏正學堂側類人形高一尺天啟五年夏四月李生黃瓜生於西清裘儱英家園長二寸許色黃味苦七年秋七月暴風雨七月念二暴風怪雨徹一晝兩夜拔木堰禾官舍民屋尾飛逗塲先師殿可遠樓迴峯樓化龍門樓四山閣文星亭俱圮崇禎九年夏迄秋大旱隣邑侍郎劉宗周都御史祁彪佳以生員王朝式來劉議賑自五月二十日至九月十三日滴澤不通民掘白泥以食訛言觀音粉奔取如鶩食之反致傷人明年民率餓死山陰劉侍郎祁中丞命王朝式至隊與知縣劉永祚竭力募縣民賴以活有賑荒册十年大有年十三年夏旱十四年春正月饑民掠穀知縣鄧藩錫平

之即議賑正月雨雪二月饑民望穀搶刦遍地皆絲鄧知縣捕渠魁杖殺二十餘人旋倣九年成法募賑縣境乃安　十六年夏旱冬冬官兵掠東鄉奉化賊竺文竺二武屯聚大蘭山撫按檄文奉嵊新四縣會勦知縣蔣時秀率民壯鄉兵駐劄法祥寺約束無法壯役冒掠山僻婦女有不辱而死者置勿問　十七年春正月獲婺賊許都黨六人巡海道盧若騰戮於演武場十六年十二月東陽賊許都作叛嵊城聞風奔潰太平鄉民獲賊僧妙員等六人到縣盧巡道督兵過縣戮之

國朝順治二年五月雷震應天塔六月兵起浙東八郡以魯王起兵阻於錢塘　七月大水冬冬桃杏寔三年大旱六月城中大火魯王遁台入海方國安兵亦走台延途焚掠城中廬舍燬過半　四年饑斗米

四百錢壯者爲兵爲盜老弱多餓死五年增置鄉兵知縣羅大猷以四山多盜增置鄉兵八百二十冬糧皆里給十三年三月隕霜殺草十四年大水衡壞山田若干士民宋學進張爾熾等具呈于按院王元禧特疏請蠲三十三都本年田糧三分之一十五年大水十八年城中火康熙元年城中火七月寧賊夜刼縣衙知縣焦恒馨被懿在省賊乘虛刼後衙不動倉庫官鄉兵追至土塊地方戰敗而還康熙二年縣丞門有年卒士人哀之有奠章見丞下四年七月大風雨水縣漲沿江男婦多淹死六年旱四月十五雨荳於富順鄉自五年秋至六年夏無雨禾不得稼知縣張逢歡竭誠祈禱四月十三雨連三日至十五雨荳諸生袁尚裏有賦秋大疫

知縣張逢歡延醫施藥九年三月虎噬入知縣張逢歡禱於嶀浦廟神虎遁一二噬殺二十一二都竺二思聖竺二思文竺三王妞三人有傳見人物誌下次日十八都石砂廟又噬僧二人尼一人皆死次日蠶家產又傷一人知縣禱于本都嶀浦廟神虎乃遁四十八九兩都小麥一莖三二穗六月大風大水歲減其數城壞五十餘丈星子峯亭圮冬十二月大雪自初四日起至十六日止知縣張逢歡禱于城隍廟

周志曰邑之災其饑饉爲尤可慮也夫饑饉臻而寇亂疾疫因之故災大都饑饉始也嵊近無湖陂而溪水道淸風間疊隘無湖陂故乍晴即涸疊隘

故乍雨即盈嵊爲水旱視他邑特易凡所志災異甚而他時小爲災者十歲而九省斂積儲節省藏惠之典宜亟講而時行焉夫備在人者天不能災無備之災雖天亦人惟人所災則有籲天已耳而其何從乃一切他災繼起是眞可慮故予志災異以示人毋徒云天若夫志祥瑞奚取古有之使田疇有禾黍不必有醴泉芝草使民伏臘有鷄豚不必有麒麟鳳凰故置勿志

王氏備攷曰災異在嵊惟饑荒獨多舊志備言之

近崇禎年來凶且歲告其質妻析子死喪流離之苦兮且備覩之意謂嘇民感變若難再苦而普天降罔土馬遍郊原矣打草括丁民無寧晷初或竄處深林繼復轉奔平野兵燹相仍寇攘迭起釜漁之泣殆維今獨疚兮因溯考元來舊志獨畧而不書及别搜記載則鋒鏑之禍正亦不減於今日益身不經離亂不知離亂之爲更慘也因備列之若年不順成補救是在有司亦惟勸農省賦訓儉儆惰未患而先防之所謂曲突徙薪施恩澤於不言

者乎

後學續論曰災祥雖天而回災致祥者唯人災如饑饉兵戈不可回矣然蝗不入境兵不干令胡以有災而無災祥如甘露鳳鸞未易致矣然廣昌之降榆次之翔重泉之集胡以無祥而有祥蓋累德有素足以感孚上下使災無不回祥無不致而邑賴以寧豈區區小補哉舊志專記災今次災兼次祥亦猶箕疇之次休咎將以警德云爾災如天文不獨關一邑故不錄祥以舊志無攷故不多見

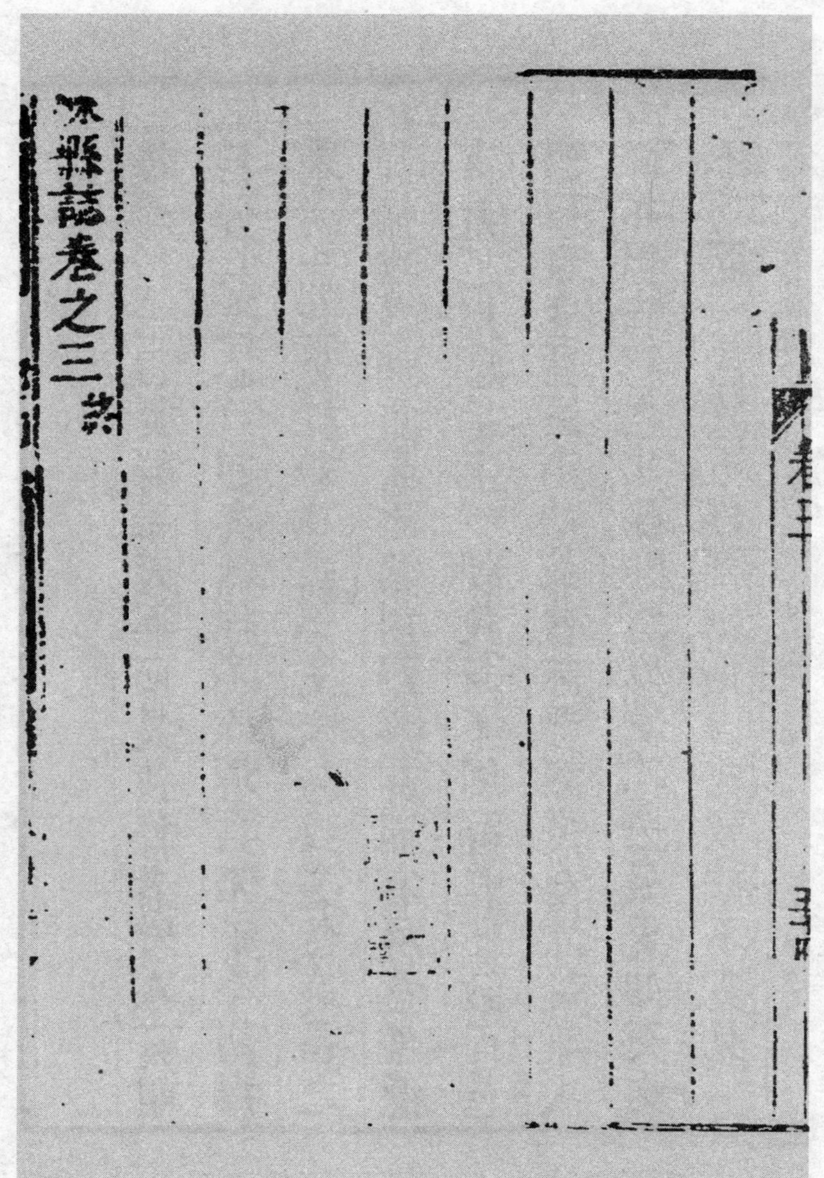

涿縣誌卷之三終

【民國】嵊縣志

牛蔭麐、羅毅修　丁謙、余重耀纂

民國二十四年（1935）鉛印本

雜志　祥異　軼事　金石

嵊志竟輯禨祥占驗金石欵識及說聞瑣語爲一編名之曰雜志班氏所謂小知所及綴而不忘亦徵文攷獻之資也蓋越之俗禨牽於禁忌而泥於小數儒者或勿道然或信徵於見聞而理契於疇範則亦有不盡誣者留雨暘寒燠休咎徵兆之章章者乎至若剡中多古奇蹟其見於剡錄者文字或不傳而殘碑斷碣古物奇器往往側出於沈灰刼火之餘斯亦石室之碑英洛陽之銅狄矣若夫故老傳聞街談巷議源出於古之稗官誦訓之所掌輶軒之所采亦治方志者所不可遺也故志祥異志金石而以軼事終焉明朝邑志殿之以雜記清西域志殿之以雜錄是其例也作雜志

同堂

道光二十七年丁未馬仁鄉馬季常年逾八旬重遊泮宮

咸豐元年辛亥大有年桃源鄉尹家莊庠生尹大欽之妻張氏年百歲　羅松鄉沈郎庠生沈澄沼年八十餘重遊泮宮

咸豐三年癸丑長樂鄉金泥塢李士備年百有二歲

青山頭莊武生王萬壽年逾八秩重遊泮宮

咸豐四年甲寅開元鄉小溪莊周慶進年百歲五世同堂

羅松莊監生宋家坎之妻黃氏年百歲五世同堂

甘霖鎮監生沈清妻葉氏年八十歲五世同堂

咸豐八年戊午遊謝鄉大灣莊監生張夢蘭夫婦年八十歲五世同堂　永富鄉張澄源妻馬氏百有一歲五世同堂

同治五年丙寅茗塢莊周昌富年九十二歲五世同堂

明

祥

正統二年丁巳孝嘉鄉王鈍家園產芝乾隆李志

嘉靖十二年甲午崇仁鄉裘瑙年百歲道光李志

嘉靖二十二年癸丑北郊麥一莖三穗甘露降明倫堂前松樹乾隆李志下同

嘉靖二十五年丙辰甘露降縣庭柏樹尹氏庭幾產芝

萬歷十年壬午遊謝鄉粟一莖四穗

萬歷四十四年丙辰王氏正學堂側生芝高一丈類人形

崇禎十年丁丑大有年

清

康熙四十六年丁亥永富鄉張日起年百歲

乾隆元年丙辰大有年

乾隆二十年乙亥莫墺莊增生羅克繩年八十餘五世同堂

乾隆五十五年庚戌長樂莊錢奇俊年九十餘五世同堂又鄉賓錢引球年九十五世同堂李府志

嘉慶十五年庚午上楊莊楊望竣年九十八歲五世同堂道光李志下同

高山莊徐寧臣年八十八歲五世同堂

嘉慶十八年癸酉五十二都監生施祖超年八十八歲五世同堂

嘉慶二十一年丙子太平鄉東園莊劉光正之妻周氏年百歲同治志下同

嘉慶二十三年戊寅十七都晦溪莊單智勇年百歲同里單能英年亦百餘歲

道光十七年丁酉十七都唐溪莊監生唐廷葵年九十二歲五世

同治六年丁卯崇仁莊州同銜裘坤年九十一歲五世同堂

同治七年戊辰大有年淡山莊監生陳大德年八十五歲五世同堂

同治八年己巳上周莊鄉賓馬大名年八十八歲五世同堂

同治十三年古竹溪庠生錢維翰年八十四歲五世同堂新纂下同

光緒十五年黃尖嶺下莊黃純綱年七十五歲五世同堂

光緒二十二年舉坑村鄉賓馬崇嵺年九十八歲五世同堂

光緒二十四年坟流莊邢炳奎年八十三重遊泮宮

宣統元年石山屏俏生丁舜漁妻邢氏年八十五歲五世同堂

異

晉

太寧元年癸未九月會稽剡縣木生如人面史異

齊

永明元年癸亥安南將軍黃僧成家雨錢數萬（乾隆李志）

唐

景龍四年庚戌五月丁丑剡地震（文獻通考）

宋

皇祐三年辛卯饑明年又饑知縣過昱賑（乾隆李志）

淳熙三年八月浙東西郡縣多水會稽嵊縣爲甚（宋史）

淳熙八年辛丑饑浙東常平茶鹽使朱熹賑之（乾隆李志下同　朱文公至浙東理賑事疏凡五上內稱七月十八日到嵊以嵊三年連旱發米六萬八千石）

慶元元年乙卯溪流湍暴城爲水所嚙存者纔一二三丈（按萬歷府志作二三）尺

嘉定十一年戊寅大饑知縣趙彥博賑

元

大德十一年丁未夏大旱穜稑俱絕

至大元年戊申嵊大饑人相食萬歷府志

泰定元年甲子大祲乾隆李志

至正二十一年火燬縣治延燎學宮獨存明倫堂楊翮嵊學記

明

洪武五年壬子八月乙酉大風山谷水湧漂沒廬舍及人畜甚衆乾隆李志下同

永樂七年己丑大饑

永樂二十年壬寅饑

宣德八年癸丑夏旱

正統六年辛酉旱蝗明年又饑

天順元年丁丑饑

成化四年戊子大旱詔民間能賑粟四百石者授七品散官服

成化十二年丙申大水

成化二十二年丙午大旱

正德三年戊辰旱

嘉靖二年癸未大旱

嘉靖三年甲申大旱福泉山裂深闊丈許今地名坼坑

嘉靖十三年甲午七月大水溪流入城平地丈餘

嘉靖二十三年甲辰大旱明年又旱斗米銀二錢道殣接踵鄉人有擷麥半升夜歸輒被劫殺於道

嘉靖二十六年丁未旱

嘉靖三十三年夏六月集賢坊雨雪

隆慶二年戊辰秋大風雨溪流怒溢壞西城

萬曆四年丙子城中火望台門燬及民房百餘所

萬曆六年戊寅冬大雪

萬曆十一年癸未旱

萬曆十五年丁亥秋七月暴風連日禾實盡落明年斗米銀一錢八分大麥斗六分小麥斗九分草木根皮可食者搜取殆盡餓莩塞道夏疫民死益多周志補遺云民掘蕨及葛根剝椰樹皮食之所在椰樹爲之骨立有草根略似蒜名三十六桶以水浸三十六桶乃可食也時亦取食無遺先是連年大熟斗米銀三分大小麥視若沙礫識者已早見其有今日云

萬曆三十二年甲辰十月初八日地夜震屋舍撼搖有聲

萬曆四十四年丙辰夏旱

天啓七年丁卯秋七月二十二日暴風雨拔木偃禾大成殿可遠

樓迴峯樓化龍門樓四山閣文星亭俱圮

崇禎九年丙子自五月不雨至於九月民多饑死地中有白土爭掘食之名曰觀音粉多致斃死明年山陰劉侍郎宗周祁中丞彪佳遣諸生王朝式來嵊與知縣劉永祚議賑民賴以活劉忠介公賑嵊錄起季春有白馬山房之會偶及嵊災其民菜色有不忍言者蓋自去秋不登迄於今死亡流徙之狀日異而月不同勢岌岌盡矣一時諸君子相顧歎若身罹痛而莫爲之所予因商之祁世培侍御請上官暫捐帑金召商轉糴庶幾米集價平官不費而民沾微息亦小康之道乎或曰官帑如洗奈何無已請以吾儕士大夫之有力者任之而終難其事卒付之虛願而已既輟會語稍稍聞之王生爾吉慨然爲諸友倡計以千金行一販而身任四之一於是遠近傳之踴躍相勸方舉事有日而社中王金如亟顧余曰嵊民死者垂盡矣幸有存者手無一錢而欲以平糴博半菽之飽此索之枯魚之肆也請如昔年天樂鄉故事設厰爲粥以食餓者予思以一邑之衆而計口求活於二三措大之手猶西江之涓滴耳雖然士苟存心於愛物於人必有所濟必博且衆將堯舜其猶病矣因襲諸君子隨其願力爲之嗚呼口分世業之制壞而議常平常平不可得而議借販至借販不可得而又議授餐爲救荒之策愈

苦亦愈下矣嚴予思往者天崇之役郡邑諸大夫實爲士紳倡吾儕相與仰承之不過推揚德意以報成事至今一方之民歌樂只者歸之諸大夫又安知前徵之不可鑒乎則吾黨今日斯舉將爲之嚆矢也聞者曰然因相與勵躍行事其條例畧之金如顛悉

不再具

崇禎十三年庚辰夏旱

崇禎十四年辛巳饑知縣鄧藩錫倣九年成法募賑縣境乃安

崇禎十六年癸未夏旱

清

順治二年乙酉五月雷震應天塔秋七月大水冬桃李實

順治三年丙戌大旱六月城中大火十一日星隕如雨

順治十四年丁酉大水

順治十五年戊戌大水

順治十八年辛丑城中大火

康熙五年丙午秋旱至明年夏四月十二日始雨十五日富順鄉雨豆六月大水秋大疫

康熙七年戊申六月十七日戌時地震屋瓦多落二十日亥時地又震

康熙九年庚戌二月有虎患知縣張逢歡禱嵴浦廟虎乃遁六月大風溪水溢壞城五十餘丈星子峯亭圮

康熙十年辛亥大旱

康熙二十九年庚午秋七月大水

康熙三十二年癸酉大饑

康熙四十七年戊子秋大水免徵糧十分之三

康熙四十八年己丑夏大旱竹生米會稽俞忠孫竹米記康熙己丑越不歲米價日爭長五月饑民食竹米竹米者叢竹中所生也狀類穬糯差小色微紅味甘而冽埤雅云竹六十年一易根易根必花結實而枯實落復生

六年成町戴凱之所云根幹將枯花䈙乃懸䈙必六十復亦六年是也父老云竹生花其年必旱晉元康壬子巳酉界竹生花紫色結實如麥其年旱唐天復甲子隴西亢暘民多流散山中竹散籽出粟饑民舂而食宋陳造竹米行有今歲麥秋旱歲餘得麥僅足償官租竹君憫農如士夫散花結實千林俱句皆旱徵也而鳳凰所食金瑕玕則名竹實大如雞卵非中國所恆有田雯黔書以謂竹米非是宋蔡京稱瑞作頌識者譏之今記災記祥說各不同予姑誌其略如此

康熙四十九年庚寅八月大水

康熙五十六年丁酉旱

康熙五十九年庚子饑

康熙六十年辛丑大旱野有餓莩

雍正元年癸卯饑

雍正五年丁未大水

雍正九年辛亥大旱

乾隆五年庚申六月大水

乾隆六年辛酉夏旱知縣李以炎詳請散給籽本量加施賑免被災田糧有差

乾隆十六年辛未夏大旱知縣石山詳請散給籽本量加施賑并請蠲免被災田糧

乾隆二十年乙亥夏旱知縣戴椿捐賑

乾隆三十七年壬辰夏旱知縣吳士映詳請緩徵（道光李志下同）

乾隆四十五年庚子七月大水知縣吳翹楚詳請緩徵

嘉慶七年壬戌旱知縣沈謙詳請緩徵次年知縣陸玉書勸賑

嘉慶十六年辛未旱次年署任知縣蕭馥馨勸賑

嘉慶二十五年庚辰夏旱七月大水知縣葉桐封詳請緩徵

道光三年癸未自四月陰雨至於九月禾稼不實民多餓死

道光十二年壬辰夏旱冬大雪至明年二月始霽正月寒凍尤甚

木生多介同治志下同

道光十三年癸巳三四月大疫

道光十四年甲午斗米錢五百塗有餓莩

道光十五年乙未大旱冬塘水溢

道光十七年丁酉六月二十八日夜忠節鄉巖馬山下有赤光如毬高數十丈頃之乃滅如是者二

道光二十四年甲辰七月初九日雷電大風雨金潭莊隄潰廬舍漂沒男女溺死者七十餘人莊外雙溪洞橋一時並圮古竹溪錢維翰捐錢二千緡築舊隄并賑之

道光二十五年乙巳地震屋舍動搖池水泛溢

道光二十六年丙午五月十一日地夜震是年大旱民訛言有怪物如狸能攫人或從窗櫺入人皆驚懼張網自衛

道光二十年庚戌正月風霾十餘日麥苗多枯夏大旱八月十四日大雨亥日平地水數丈舟行城堞上廬舍人畜漂沒無算

咸豐二年壬子自五月不雨至七月冬大雪雪融溪水始通十一月地震

咸豐三年癸丑三月初七日地夜震初八日午又震十六日又震夏大水

咸豐四年甲寅十月甘霖鎮蒼巖等莊塘水沸

咸豐六年八月有蝗自北來頃刻蔽天七年春邑令李維著捐廉捕蝗五月大雨遺蝻頓盡

咸豐九年己未冬至水溢　邑有獸如犬熊俗呼大者爲馬熊小者爲狗熊白晝入村落啖畜無算或嚙小兒至死

咸豐十一年辛酉七月燕巢民家者皆啄斃其雛而去十月初四

日昏時天微雨有光如弓影見於來山之西忽墜於山巔作青白焰高丈餘自崖而下長二三里光明若晝越二日洪楊潰軍至

同治二年癸亥秋冬旱

同治三年甲子雨豆黑色

同治六年丁卯雨豆白後雨豆處甚多亦有似豆非豆者

同治八年己巳四月大雨蛟乘之水驟漲壞田地無算

光緒十五年己丑秋七月大水蛟水挾之溪驟漲二十餘尺淹沒田廬無算知縣饒光儀請免被災田糧新纂下同

光緒十八年壬辰旱

光緒二十五年己亥大水

宣統二年庚戌夏四月地震

【民國】新昌縣志

金城修　陳畬等纂

民國八年(1919)鉛印本

新昌縣志卷十八

雜記

星野

新昌越之一隅其分野當從於越越之分野位當少陽於卦爲巽於日爲丁於辰爲丑於五星爲火於時爲子於北斗七星屬權上應天市垣東南第六星萬歷志

自斗十一度至婺女七度一名須女曰星紀之次於辰在丑謂之赤奮若於律爲黄鐘斗建在子吳越分野後漢書郡國志注帝王世紀　按斗十一度今注作十度

紹興府牛女之分劉基清類天文分野書

女三度新昌入四分之六（內緯秘言）

周官職方氏東南曰揚州其山曰會稽漢會稽郡治吳順帝永建間移治山陰唐武德間分爲越州位當少陽於卦爲巽其曰屬丁在十二辰爲丑五行屬火自斗牛至婺女爲星紀牽牛婺女越之分星也婺女一名須女若以北斗七星論屬權星又應天市垣東南第六星明誠意伯劉基清類分野書其編次紹興府占牽牛婺女新昌同此（四明王德遴嗣泉訂正）

災異

古稱斗牛之度幾包江浙而言其休咎不關偏隅幽渺之中尤難置喙原志於兵備附入災異餘更瑣屑茲惟於人事有關或在本地者誌之其已入大事記中不贅

晉大元十五年夏駕山石鼓鳴 晉書 府志

按夏駕山未知即夏王山否今無考

六朝宋孝建元年會稽大水大明七年浙東諸郡大旱 宋書

唐景龍四年剡縣地震 文獻通考

開元十七年八月越州大水壞城 唐書

元和十二年越州水害稼 唐書

太和二年越州大風海溢 唐書 四年會稽大旱 萬歷府志

咸通中吳越有鳥極大三足鳴山林其聲曰羅平 唐書 詳大事記

宋天聖中夜暴風震雹而無雨空中有人馬聲終夜方息百里間林木禾稼盡偃 萬歷府志

紹興元年十月乙酉越州大水宋史

十八年紹興府大饑宋史

二十七年紹興府大水宋史

二十九年紹興洊饑通考

隆興元年浙東西郡國螟害稼八月大風水紹興爲甚大饑宋史

淳熙三年八月浙東西郡縣多水會稽嵊縣爲甚宋史

紹熙四年夏紹興府無麥通考　自冬不雨至五年夏秋宋史

元至大元年紹興大疫元史

泰定元年紹興路饑元史

天歷二年紹興路饑元史

至順元年閏七月紹興等路水沒田數千頃元史

元統元年夏紹興旱至四月不雨至八月元史

三年二月紹興大水萬歷府志

至正十四年十二月紹興地震元史

二十七年新昌大饑萬歷府志原志係元末即此

明景泰元年大饑原志

九年紹興久雨沒田禾明實錄

天順元年旱饑

四年紹興四五月陰雨連綿江河泛溢後二年爲戊子麥禾

俱傷

十三年紹興水旱相繼

十四年大水以上均明實錄

弘治元年大饑

四年饑

正德三年旱大饑地震民間訛言有妖

嘉靖五年大旱

八年水以上均萬歷府志

乙卯冬倭寇九十餘人入邑焚民居吏民逃竄原志按是年事詳大事記所書己卯當爲正德十四年必誤

九年冬紹興甯波台州三府瘟疫大作及明年死者三萬餘人夏秋間紹興各縣亢旱無收十三年甯紹二府及州縣饑明史

十四年大水原志

十三年溪漲入城平地水一丈萬歷府志 大水決東堤民死者衆原志

十九年夏蝗飛蔽日原志 九月大水萬歷府志

二十年駱駝山鳴萬歷府志

二十四年大旱原志

隆慶二年夏大水原志

三年大水原志

五年自秋雨冬至始晴原志

萬曆十五年通郡大饑康熙府志

十六年秋大風敗稼大饑原志

二十六年自五月至七月不雨泉流皆竭各邑民饑至採竹米以食

三十二年十月八日各邑地震以上均明史

三十五年五月六日淫雨康熙府志

崇禎六年丙子旱饑原志

九年旱乾隆府志

十四年十五年連旱明史

十七年浙江海沸杭嘉甯紹台屬致廨宇多圮明史

滿順治四年丁亥己丑洊饑米石價四兩至五兩邑人爲糜粥以給饑者原志

十六年六月霪潦溪水暴漲夜潰靑陽門入可盈丈城門頹敝決口有大木漂塞其外幸以無事邑人以爲止水廟神所護咸禱祠焉原志

十七年十一月二十一日二十八日地震府志

康熙七年六月十七日各邑地震府志

十年辛亥自夏徂秋不雨四郊盡赤以靑螿害稼埜薫立盡幾無遺粒知縣劉作樑步禱三月具白院司詔蠲稅原志

嘉慶十六年彗星見光芒竟天（西人測見長三萬二里）是年又大旱邑人呂陳氏出錢散賑富紳平糶災以稍蘇越七年旱復如之

道光二十四年蛟水爲災田廬被沒甚衆

二十六年大祲由邑令鄭公（失其名）力勸紳富出貲數萬金爲賑濟

咸豐十一年彗出東方長至戾天

光緒三年大雪連月

四年戊寅五月廿二日城中大水自山開砂崩砂積溪高漲之蛟水助虐從青陽門冲入潘家橋至北鎮廟一帶一片汪洋冲壞園墻民居無算積至三日始退夜間傷及三人

五年五月大水
九年大風爲災七月二十一日水與四年同
十五年八月初一日城中大水較四年減少一二尺
九月霪雨且夜有聲如鴨鳴
十七年又大水
十八年大饑
二十五年六月十三日午後急雨水漲損壞屋牆倘少嗣後於新東門北門各建一閘水至即行閉閘近來雖漲亦無大患
二十六年庚子三月初十日壬子日赤無光辰巳二時晝晦

如夜雞犬入笠

三十年彗星見

宣統二年雞籠山裂丈餘

三年八月太白星見

民國元年縣署犬哭於庭是年大水聖殿水深五尺

四年端午蛟水發翼星見

五年冬奇寒樹多枯次年亦如之

按天文幽渺古已言之近則學說所論律度較明更不必論是編例於日月食蝕於天文家言一照原志例不再濫登惟唐宣宗八年春正月朔日食綱目著之汲汲乎有盜賊之變

又七年而咸通改元裘甫倡亂自是龐勛芝巢接踵紛起明張氏溥以爲懿宗初立桐柏挫翩非小變也附此著之

祥瑞原附

晉大興元年剡縣得一棧鐘語詳大事記及金石志

五代石防葬黃檀有柘樹覆墓如蓋每科子孫登第之數視柘之所生號靈柘墓俗傳江南有二一地靈柘居其次原志

潘氏墓前靈桂夏里文昌閣內銀杏開花亦然州

宋呂集葬杜潭術者云須待千軍聚會一馬拋車之時下窆停棺久之有一官騎馬至王澤村產駒乃千戶侯也遂窆墓前有竹其筍翠生每生則子孫登科如其數人號祥筍墓

石亞之讀書鼓山中嘗遇異人授以丹藥不敢服投池中即有蓮開魚躍之異參軍樓鑰有詩云蓮瑞古井香龍躍硯池碧

石師聖字樂天家貧自守幼女索十錢買線無與女入房涕泣師聖嘆曰吾家世守清貧於義不得妄取汝勿戚可也言未既忽聞庭中索索如墮錢聲出視之堆積盈砌覆以青布中師聖夫婦奉其繼母王氏焚香祝曰某雖貧乏亦可自給若蒙上天照祐使母子康寧福垂後裔足矣非意之財不敢受也言畢則青布漸低錢盡飛去庭空如掃惟留藥方二事凡癱疽諸瘋依方施治利澤甚普人呼石瘋藥後師聖領鄉

薦爲朝奉大夫二子嗣慶延慶俱第進士

閎氏兄弟曰桊曰允皆賢舍旁樹一本高尺餘歧爲二幹及肩交合爲一左右之枝各三上挺可數尺再交焉觀者咸歎其異因名聯槐堂宋景濂爲之記

嘉定間俞時中家產芝莖白玉蟾記之

元醴泉章在初葬白巖山下生連理木其子文煒有詩云若說紫荆堪比瑞千年田氏一家風

至正中章廷璐家石榴樹一蒂生六實

黃深甫世居駱駝山下家有母犬生子既長適兵亂深甫攜家并二犬子去之母犬不忍去遂見醢兵退深甫返二犬子

求其母不得叫嗥不已見白骨在旁知其母也遂相與銜聚於高隴共爬坎而埋之

明永樂間張恭與母居一日忽聞屋梁間彈琴聲起視得古琴一張恭母子怪之欲劈爲薪何崇德見之取去

渡王山王氏兄弟曰晟曰冕家畜二貓各產子甲死而乙來乳又畜二馬各生駒亦互相乳哺鄉黨稱爲義貓義馬

俞增葬錢㟁山水靈異墓前有石山每遇科期墮一石則子孫一人登科

陳文中家芍藥盛開每一莖生雙頭者五十餘本

正統六年呂昌園池產瑞蓮三枝異香經日

正統中俞用鼎敏古齋前桃一樹結子一蒂七顆或五顆

景泰元年正月朔日俞用貞庭前天井中有冰冰上生成荷花數十朶枝莖亭亭青紅掩映久之乃模糊而散又用貞葬竹塢有怪松覆塚如張蓋號瑞松墓

俞仲寧與弟仲康附厝石塚山之原每至暮紅光四照人以爲火識者知其爲和氣之瑞云

成化間張蘊存蟠縛黄楊折竹一枝插土未幾生笋數莖人謂之瑞竹

成化戊子何鑑家蠶鳴

正德十年三月新昌民家蠶鳴

嘉靖十九年潘晟家水缸出荷花數莖

嘉靖丙寅有甘露降於俞則全園中狀若灑珠四五日始散

嘉靖間呂光遷光新光曙光迎光賓搆瑞荊樓淡香堂紫荊異枝合理邑中名士多贈咏徐渭詩云竇家有子皆丹桂馬氏何人不白眉

清順治丁酉元旦半畝塘洗心亭畔小缶山蘭忽開十八蕊或兩莖並頭見者異之多有題咏

康熙丙午重九廻瀾橋醉園內紅菊一本中間開金黄大蕊色艷香幽見者驚異名公多誌其瑞以上皆原志

乾隆三十九年邑民楊相年一百二歲題請旌表奉旨加恩

賞給上用緞一疋銀半兩（乾隆府志　楊爲南鄉十三都岡山人）

乾隆年間夏里楊淡庵增廣生年一百三歲孫進士煒舉人鋋（採稿增）

南洲丁蓮生年百歲

鄒襄吳倘綸妻陳氏百有三歲

乾隆五十七年庠貢生呂國榮年逾八旬五世同堂由邑令鄧鍾岱詳請咨部恩賜七葉衍祥匾額

嘉慶四年舊宅朱子適年一百八歲建坊曰昇平人瑞

道光十八年儒學庠生潘丕猷年一百一歲各憲匾其門曰碩望頤齡

錢發道五世同堂

道光二十五年橫板橋金大鏞五代一堂

光緒九年癸未俞鑑重遊泮水

光緒十八年石朝尊年一百五歲由邑令瀠文曦詳請奉旨

賞賜銀帛并給昇平人瑞匾額

宣統二年庚戌徐監周重遊泮水

宣統二年潘湊興五世同居邑令詳請旌表